"十二五"国家计算机技能型紧缺人才培养培训教材

教育部职业教育与成人教育司
全国职业教育与成人教育教学用书行业规划教材

中文版
After Effects
CC 实例教程

尹小港 / 编著

U0195629

66个基础实例 + 16个综合项目 + 16个课后训练 + 68个视频文件

■ **专家编写**
本书由资深影视编辑人员结合多年工作经验精心编写而成

■ **灵活实用**
范例经典、项目实用，步骤清晰、内容丰富、循序渐进，实用性和指导性强

■ **光盘教学**
随书光盘包括**68个**视频教学文件、素材文件和范例源文件

海洋出版社
2014年·北京

内 容 简 介

本书是以基础实例训练和综合项目应用相结合的教学方式，介绍影视动画后期特效软件 After Effects CC 的使用方法和技巧的教程。本书语言平实，内容丰富、专业，并采用了由浅入深、图文并茂的叙述方式，从最基本的技能和知识点开始，辅以大量的上机实例作为导引，帮助读者在较短时间内轻松掌握中文版 After Effects CC 的基本知识与操作技能，并做到活学活用。

本书内容：全书共分为 9 章，着重介绍了影视特效编辑基础、素材编辑、创建二维合成、关键帧动画的创建与设置、创建遮罩特效与抠图、色彩校正与色彩特效编辑、特效应用、创建三维合成等内容。最后通过制作财经节目片头、电视栏目包装片头、时尚活动主题宣传片头、科教纪录片片头 4 个影视特效综合项目，全面系统地介绍了使用 After Effects CC 编辑影视作品的方法和技巧。

本书特点：1. 基础案例讲解与综合项目训练紧密结合贯穿全书，边讲解边操练，学习轻松，上手容易。2.注重学生动手能力和实际应用能力培养的同时，书中还配有大量基础知识介绍和操作技巧说明，加强学生的知识积累。3. 实例典型、任务明确，由浅入深、循序渐进、系统全面，为职业院校和培训班量身打造。4. 每章后都配有练习题，利于巩固所学知识和创新。5. 书中实例收录于光盘中，采用视频讲解的方式，一目了然，学习更轻松！

适用范围：适合 After Effects 的初、中级读者阅读，既可作为高等院校影视动画相关专业课教材，也是从事影视广告设计和影视后期制作的广大从业人员必备工具书。

图书在版编目（CIP）数据

中文版 After Effects CC 实例教程/尹小港编著. —北京：海洋出版社，2014.8
ISBN 978-7-5027-8900-8

Ⅰ.①中… Ⅱ.①尹… Ⅲ.①图象处理软件—教材 Ⅳ.①TP391.41

中国版本图书馆 CIP 数据核字（2014）第 132130 号

总 策 划：刘 斌	发 行 部：（010）62174379（传真）（010）62132549
责任编辑：刘 斌	（010）68038093（邮购）（010）62100077
责任校对：肖新民	网 址：www.oceanpress.com.cn
责任印制：赵麟苏	承 印：北京华正印刷有限公司
排 版：海洋计算机图书输出中心 晓阳	版 次：2014 年 8 月第 1 版
出版发行：海洋出版社	2014 年 8 月第 1 次印刷
地 址：北京市海淀区大慧寺路 8 号（716 房间）	开 本：787mm×1092mm 1/16
100081	印 张：15
经 销：新华书店	字 数：360 千字
技术支持：（010）62100055	印 数：1～4000 册
	定 价：38.00 元（含 1DVD）

本书如有印、装质量问题可与发行部调换

前　　言

　　After Effects 是 Adobe 公司开发的一款功能强大的影视后期特效制作与合成设计软件，由于其在非线性影视编辑领域中出色的专业性能，被广泛应用于电影后期特效、电视特效制作、电脑游戏动画视频、多媒体视频编辑等领域。

　　本书采用全案例讲解的方式，带领读者从了解非线性编辑与专业影视编辑合成的基础知识开始，循序渐进地学习并掌握使用 After Effects CC 进行合成创建、内容编排、渲染输出、动画编辑、遮罩编辑、抠像特技、文字编辑、色彩校正、特效应用等功能的应用，在每个软件功能部分的案例训练之后，及时安排典型的影视设计项目实例，对该部分的功能进行综合练习，使读者逐步掌握影视特效编辑的全部工作技能。

　　本书内容包括 9 章，内容结构如下：

　　第 1 章：主要介绍影视特效编辑的相关基础知识，通过案例操作训练，掌握在 After Effects CC 中进行工作界面布局管理、新建项目与合成、导入素材和输出影片等基本操作技能。

　　第 2 章：主要介绍对素材进行的各项编辑技能，包括导入分层图像、导入序列图像、对素材进行设置和管理、添加特效的方法、使用编辑工具对素材图层进行各种基本编辑处理等操作技能。

　　第 3 章：主要介绍创建二维合成项目的各种编辑操作技能，包括图层的创建与编辑、图层的属性、图层样式、图层混合模式、轨道遮罩的设置、父子图层关系设置等内容。

　　第 4 章：主要介绍关键帧动画的创建与设置方法，包括关键帧动画的多种创建和编辑方法，通过案例训练，对位移动画、缩放动画、旋转动画、不透明度动画等基本动画类型，以及跟踪运动技术进行实践学习。

　　第 5 章：主要介绍利用在合成中的素材对象上绘制并创建遮罩特效的方法，以及利用抠像特效命令和工具编辑影片的实用技能。

　　第 6 章：主要介绍应用各种色彩校正命令，进行影像色彩校正与色彩特效编辑的各种方法。

　　第 7 章：主要介绍 After Effects CC 中各类图像处理特效命令的典型应用，并通过具有代表性的实例练习，掌握特效命令的应用设置方法。

　　第 8 章：主要介绍在 After Effects CC 中创建三维合成项目的各种编辑操作技能，包括设置 3D 图层属性、摄像机与灯光创建与设置等方法。

　　第 9 章：安排多个典型的影视编辑项目，包括财经节目片头、电视栏目包装片头、时尚活动主题宣传片头、科教纪录片片头设计等典型常见设计案例，对在 After Effects CC 中综合应用多种编辑功能和操作技巧，进行常见影视编辑项目、商业影片项目的编辑制作进行实践，并详细进行设计创作的分析说明，让读者可以举一反三地将掌握的影视编辑技能应用在更多类型的设计工作中。

　　在本书的配套光盘中提供了本书所有实例的源文件、素材和输出文件，以及包含全书所有实践练习实例的多媒体教学视频，以方便读者在学习中参考。

　　本书由尹小港编写，参与本书编写与整理的设计人员有：徐春红、严严、覃明揆、高山泉、周婷婷、唐倩、黄莉、张颖、骆德军、张善军、黄萍、周敏、张婉、曾全、李静、黄琳、曾祥辉、穆香、诸臻、付杰、翁丹等。对于本书中的疏漏之处，敬请读者批评指正。

　　本书适合作为广大对视频特效编辑感兴趣的初、中级读者的自学参考图书，也适合作为各大中专院校相关专业的教学教材。

编　者

目　　录

第 1 章　影视特效编辑入门

本章重点

➢ 认识影视后期特效合成
➢ 了解影视合成相关概念
➢ 在 After Effects 中进行影视编辑的工作流程
➢ 熟悉 After Effects CC 的工作界面
➢ 选择工作区布局
➢ 自定义工作区布局
➢ 导入外部素材文件
➢ 新建项目与合成序列
➢ 影片项目的渲染输出

1.1　影视后期特效基础知识

　　自从电影、电视媒体诞生以来，影视后期合成技术就伴随着影视工业的发展不断地革新。在早期的黑白影片时期，影视后期合成技术主要是通过在电影的拍摄、胶片的冲印过程中加入特别的人工技术，实现直接拍摄所不能得到的影像效果。在计算机诞生以后，计算机图像处理技术的发展为影视后期特效的进步提供了前所未有的推动作用。各种专门服务于影视编辑领域的软件程序也逐渐在发展的过程中，为各电影、电视内容提供了丰富、奇妙的视觉特效，使人们得到了越来越多盛宴般的视觉享受。

1.1.1　认识影视后期特效合成

　　影像技术进入到数字媒体时代后，影视编辑技术也从线性编辑开始向非线性编辑发展，也就是将传统的通过摄像机用胶片拍摄、记录得到的影像画面、声音等素材资源，利用专门的硬件和程序采集，转换成可以文件形式记录保存的数字媒体资源，可以直接输入到专业的影视编辑软件中，对数字媒体素材进行编排、裁剪、拆分、合成、添加各种特效等处理，然后再输出为需要的影视媒体文件，方便在电影、电视、网络等各种现代媒体中放映展示，这个过程就是所谓的影视后期特效合成。在如图 1-1 所示的影片中，在影片拍摄时不可能使用真枪实弹，但可以在后期合成时，在原始素材层的上面，加入机枪扫射的火光、弹跳出来的弹壳影像，再配合激烈的枪声音效，得到逼真的

图 1-1　通过后期处理制作逼真影像

枪战画面，这就是典型的影视后期特效合成应用。

1.1.2 影视合成相关概念

1. 帧和帧速率

在电视、电影以及网络 Flash 影片中的动画，其实都是由一系列连续的静态图像组成，这些连续的静态图像在单位时间内以一定的速度不断地切换显示时，由于人眼所具有的视觉残像生理特性，就会产生"看见了运动的画面"的"感觉"，这些单独的静态图像就称为帧，而这些静态图像在单位时间内切换显示的速度，就是帧速率（也称作"帧频"），单位为帧/秒（fps）。帧速率的数值决定了视频播放的平滑程度，帧速率越高，动画效果越顺畅，反之就会有阻塞、卡顿的现象。在影视后期编辑中也常常利用这个特点，通过改变一段视频的帧速率，实现快动作与慢动作的表现效果。

2. 电视制式

由于各个国家对电视影像制定的标准不同，其制式也有一定的区别。制式的区别主要表现在帧速率、宽高比、分辨率、信号带宽等方面。传统电影的帧速率为 24fps，在英国、中国、澳大利亚、新西兰等国家和地区的电视制式，都是采用这个扫描速率，称之为 PAL 制式；在美国、加拿大等大部分西半球国家以及日本、韩国等国的电视视频内容，主要采用帧速率约为 30fps（实际为 29.7fps）的 NTSC 制式；在法国和东欧、中东等地区，则采用帧速率为 25fps 的 SECAM（顺序传送彩色信号与存储恢复彩色信号）制式。

除了帧速率的不同，图像画面中像素的高宽比也是这些视频制式的重要区别。在进行影视项目的编辑、素材的选择、影片的输出等工作时，都要注意选择合适或指定的视频制式进行操作。

3. 视频压缩

视频压缩也称为视频编码。通过电脑或相关设备对胶片媒体中的模拟视频进行数字化后，得到的数据文件会非常大，为了节省空间和方便应用、处理，需要使用特定的方法对其进行压缩。

视频压缩方式主要分为：有损压缩和无损压缩。无损压缩是利用数据之间的相关性，将相同或相似的数据特征归类成一类数据，以减少数据量；有损压缩则是在压缩的过程中去掉一些人眼和人耳所不易察觉的图像或音频信息，这样既可以大幅度减小文件尺寸，也同样能够展现视频内容。不过，有损压缩中丢失的信息是不可恢复的。丢失的数据率与压缩比有关，压缩比越大，丢失的数据越多，一般解压缩后得到的影像效果就越差。此外，某些有损压缩算法采用多次重复压缩的方式，这样还会引起额外的数据丢失。

有损压缩又分为帧内压缩和帧间压缩。帧内压缩也称为空间压缩，当压缩一帧图像时，它仅考虑本帧的数据而不考虑相邻帧之间的冗余信息。由于帧内压缩时各个帧之间没有相互关系，所以压缩后的视频数据仍可以以帧为单位进行编辑。帧内压缩一般得不到很高的压缩率。帧间压缩也称为时间压缩，是基于许多视频或动画连续的前后两帧具有很大的相关性，或者说前后两帧信息变化很小（也即连续的视频其相邻帧之间具有冗余信息）这一特性，压缩相邻帧之间的冗余量就可以进一步提高压缩量，减小压缩比，对帧图像的影响非常小，所以帧间压缩一般是无损的。帧差值算法是一种典型的时间压缩法，它通过比较本帧与相邻帧之间的差异，仅记录本帧与其相邻帧的差值，这样可以大大减少数据量。

4. SMPTE 时间码

在视频编辑中，通常用时间码来识别和记录视频数据流中的每一个帧画面，从一段视频的起始帧到终止帧，其间的每一帧都有一个唯一的时间码地址。根据动画和电视工程师协会 SMPTE（Society of Motion Picture and Television Engineers）使用的时间码标准，其格式是"小时：分钟：秒：帧"。

电影、录像和电视工业中使用不同帧速率，各有其对应的 SMPTE 标准。由于技术的原因，NTSC 制式实际使用的帧率是 29.97 帧/秒而不是 30 帧/秒，因此在时间码与实际播放时间之间有 0.1%的误差。为了解决这个误差问题，设计出了丢帧格式，即在播放时每分钟要丢 2 帧（实际上是有两帧不显示而不是从文件中删除），这样可以保证时间码与实际播放时间的一致。与丢帧格式对应的是不丢帧格式，它会忽略时间码与实际播放帧之间的误差。

 提 示

　　为了更方便用户区分视频素材的制式，在对视频素材时间长度的表示上也做了区分。

　　不丢帧格式的 PAL 制式视频，其时间码中的分隔符号为冒号，例如 0:00:30:00。而丢帧格式的 NTSC 制式视频，其时间码中的分隔符号为分号，例如 0;00;30;00。在实际编辑工作中，可以据此快速分辨出视频素材的制式（以及画面比例等）。

5. 视频格式

在使用了某种方法对视频内容进行压缩后，就需要用对应的方法对其进行解压缩来得到动画播放效果。使用的压缩方法不同，得到的视频编码格式也不同。目前视频压缩编码的方法有很多，下面介绍几种常用的视频文件格式。

● AVI 格式（Audio\Video Interleave）：专门为微软 Windows 环境设计的数字式视频文件格式，这种视频格式的优点是兼容性好，调用方便，图像质量好，缺点是占用空间大。

● MPEG 格式（Motion Picture Experts Group）：该格式包括了 MPEG-1、MPEG-2、MPEG-4。MPEG-1 被广泛应用于 VCD 的制作和一些视频片段下载的网络上，使用 MPEG-1 的压缩算法可以将一部 120 分钟长的非视频文件的电影压缩到 1.2GB 左右。MPEG-2 则应用在 DVD 的制作方面，同时在一些 HDTV（高清晰电视广播）和一些高要求视频编辑、处理上也有一定的应用空间。MPEG-4 是一种新的压缩算法，可以将一部 120 分钟长的非视频文件的电影压缩到 300MB 左右，以供网络播放。

● QuickTime 格式（MOV）：苹果公司创立的一种视频格式，在图像质量和文件大小的处理上具有很好的平衡性，既可以得到清晰的画面，又可以很好地控制视频文件的大小。

● FLV 格式（Flash Video）：随着 Flash 动画的发展而诞生的流媒体视频格式。FLV 视频文件体积小巧，同等画面质量的一段视频，其大小是普通视频文件体积的 1/3，甚至更小；同时以其画面清晰、加载速度快的流媒体特点，成为网络中增长速度最快、应用范围最广的视频传播格式。目前几乎所有的视频门户网站都采用 FLV 格式视频，它也被越来越多的视频编辑软件支持导入和输出应用。

6. 数字音频

数字音频是一个用来表示声音振动频率强弱的数据序列，由模拟声音经采样、量化和编码后得到。数字音频的编码方式也就是数字音频格式，不同的数字音频设备一般对应不同的音频格式文件。数字音频的常见格式有 WAV、MIDI、MP3、WMA、MP4、VQF、RealAudio、AAC 等。

1.1.3 在 After Effects 中进行影视编辑的工作流程

在 After Effects CC 中进行影视编辑的基本工作流程，包括如下工作环节：

（1）确定主题，规划制作方案。

（2）收集整理素材，并对素材进行适合编辑需要的前期处理。

（3）导入准备好的素材文件。

（4）创建指定格式的合成序列。

（5）在序列的时间轴窗口中编排素材的时间位置、层次关系。

（6）为时间轴中的素材添加并设置特效。

（7）预览编辑完成的影片效果，对需要修改的部分进行调整。

（8）渲染输出影片。

1.2 熟悉 After Effects CC 的工作界面

正确安装完成 After Effects CC 程序及必要的辅助程序后（例如输出媒体文件的播放程序、视频解码器程序等），执行"开始→所有程序→Adobe After Effects CC"命令，或者双击桌面上的 After Effects CC 快捷图标 Ae，即可启动该程序。

默认情况下，新建的空白项目中没有任何内容，执行"文件→打开项目"命令，在打开的对话框中选择本书配套光盘中的实例文件\第 1 章\案例 1.2.1\Complete 目录下的"示例.aep"文件，然后单击"打开"按钮，如图 1-2 所示即为 After Effects CC 的工作界面。

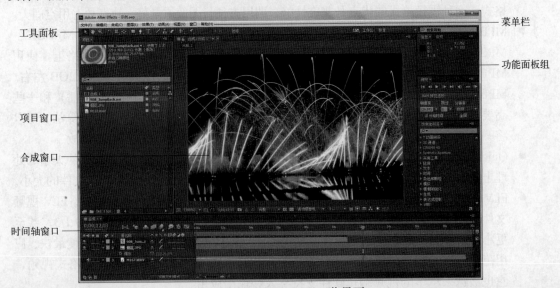

图 1-2　After Effects CC 工作界面

1. 菜单栏

菜单栏中几乎整合了 After Effects 中所有的操作命令，通过这些菜单命令，可以完成对

文件的创建、保存、输出，以及进行特效、图层、工
作界面等的设置操作。

在打开的菜单列表中，在命令后面带有省略号
的，表示执行该命令后，将会打开对应的设置对话框，
可以在其中进行对应的设置。在编辑过程中，按下各
命令行末尾显示的快捷键，即可快速执行该编辑命
令，如图 1-3 所示。

图 1-3　命令菜单

2. 工具面板

After Effects CC 的工具面板为条状面板，位于菜单栏下。某些工具必须在相应的状态下
才能使用，比如坐标轴工具只有在选择 3D 图层模式时才可激活。关闭工具面板之后，可以
执行"窗口→工具"命令恢复显示，如图 1-4 所示。

图 1-4　工具面板

- 选择工具▣：主要用于在合成窗口中选择或移动对象，以及调整路径的控制点。
- 手形工具▣：在放大视图时，可以使用该工具平移视图位置。在编辑操作过程中按住
  鼠标之间的滑轮，可以随时从当前工具切换到"手形工具"。
- 缩放工具▣：用于放大或缩小（按住 Alt 键的同时单击鼠标）视图显示比例。
- 旋转工具▣：用于旋转合成窗口中的素材对象。对于 3D 图层，可以在选择该工具后，
  在工具面板后面的▣组　方向▣对于 3D 图层下拉列表中选择旋转方式；当选择"方向"时，
  将对层的坐标方向进行调节；当选择"旋转"时，该工具的操作将对层的角度属性进
  行调节。
- 统一摄像机工具▣：该工具只能在创建了摄像机以后使
  用。按住该按钮，可以在弹出的子面板中选择需要的摄
  像机调整工具，如图 1-5 所示。

  图 1-5　摄像机调整工具

  ➢ 统一摄像机工具：用于旋转当前所选的活动摄像机
    视角。
  ➢ 轨道摄像机工具：可以使摄像机视图在任意方向和角度进行旋转。
  ➢ 跟踪 XY 摄像机工具：可以在水平或垂直方向上移动摄像机视图。
  ➢ 跟踪 Z 摄像机工具：用于调整摄像机的视图深度。
- 向后平移（锚点）工具▣：用于调整素材对象的定位锚点。
- 形状工具▣：按住该按钮，可以在弹出的子面板中选择需要的绘图工具，绘制对应形
  状的矢量图像或蒙版，如图 1-6 所示，包括矩形工具、圆角矩形工具、椭圆工具、多
  边形工具、星形工具。选择形状工具后，在工具面板后面的选项中，按"工具创建形
  状"按钮▣，可以在工具面板后面设置绘制形状的填充色、描边色、描边宽度，以及
  与下方图层中图像的混合模式。按"工具创建蒙版"按钮▣，则可以在合成窗口中的
  当前图层上绘制对应形状的蒙版。
- 钢笔工具▣：用于绘制任意形状的蒙版或开放的路径。按住该按钮，可以在弹出的子
  面板中选择需要的路径编辑工具，包括钢笔工具、添加顶点工具、删除顶点工具、转
  换顶点工具、蒙版羽化工具，如图 1-7 所示。

图 1-6　形状工具　　　　　　　　　　　　　　　图 1-7　钢笔工具

- 横排文字工具█：主要用于在合成窗口中直接输入水平文字或垂直文字，或者设置文字形状的蒙版，如图 1-8 所示。
- 画笔工具█：用于在素材层的图像中绘制线条或者图形。该操作只能在图层窗口中进行。
- 仿制图章工具█：该工具与 Photoshop 中的图章工具功能相同，主要用于对画面中的区域进行有选择的复制，还可以很轻松地去除素材中的瑕疵和不需要的画面。在使用"仿制图章工具"时，绘画面板的"仿制选项"栏中的工具将被激活，如图 1-9 所示。该工具只能在图层窗口中使用。

图 1-8　文本工具　　　　　　　　　　　　　　　图 1-9　绘画面板

- 橡皮擦工具█：主要用于擦除画面中的图像，该工具也只能在图层窗口中使用。
- Rote 笔刷工具█：使用该工具，只需在需要与背景分离开来的前景物体上，沿分离边缘绘制出范围，After Effects 就可以自动计算出其他帧中的前景物体并进行分离，大大提高了工作效率。不过，素材画面最好是前景与背景差异较大的图像，才能得到更好的分离效果。
- 操控点工具█：该工具可以为合成中创建的角色对象设置形体运动效果，用来移动角色的胳膊和腿部，也可用于在图形和文本上制作动画效果。
  - 操控叠加工具█：用于设置对象层在组成角色对象的多个层中的层次顺序（在前或在后）。
  - 操控补粉工具█：用于固定不需要有形体动作的对象，以避免被其他运动对象影响，方便编辑需要的动画效果。
- 坐标轴工具 █ █ █：主要用于在三维空间中显示对象的坐标系的类型，包括本地轴模式 █、世界轴模式 █、视图轴模式 █。

3. 项目窗口

在 After Effects 中，项目窗口主要用于管理项目文件中的素材，可以在其中完成对素材的新建、导入、替换、删除、注解和整合等编辑操作，其中各组成部分的功能如图 1-10 所示。

在预览窗口中显示了当前所选素材的影像内容，在其右边显示了所选素材的文件名、文件属性、在当前项目中被使用的次数等。在下面的搜索栏中输入关键字，可以在素材列表中快速找到需要的素材对象。单击功能按钮区中相应的按钮，可以执行新建文件夹、新建合成、删除等操作。

将项目窗口的宽度拉宽，可以显示出当前窗口中显示的各项素材属性。单击对应的图标，可以将窗口中的对象以对应的方式进行降序或升序排列，包括名称、类型、大小、帧速率、入/出点、注释、文件路径等，如图 1-11 所示。

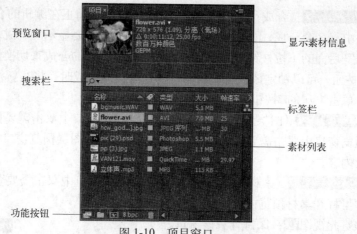

图 1-10　项目窗口

　　在标签栏上单击鼠标右键，或者单击窗口右上角的选项按钮 ▤，可以在弹出的"列数"子菜单中，通过选择对应的属性选项，显示或隐藏标签栏中素材对象的属性选项，如图 1-12 所示。

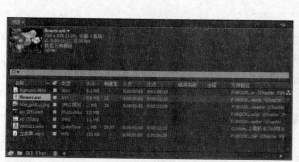

图 1-11　标签栏

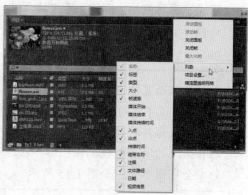

图 1-12　显示或隐藏标签栏中的选项

4. 合成窗口

　　合成窗口主要用于预览合成影像和素材内容，以及对合成中的素材对象进行位置、大小、旋转等基本编辑操作，如图 1-13 所示。

图 1-13　合成窗口

- ▉⋅⃞ 合成:合成3 ▾ ✕ （合成预览窗口标签）：默认显示当前正在编辑的合成。如果当前工程文件中有多个合成，可以通过在项目窗口中双击需要显示的合成，或单击合成预览窗口标签后面的下拉按钮，在弹出的列表中选择需要的合成来切换显示。单击标签前面的▥按钮，可以锁定该预览窗口，需要查看其他合成时，将在新打开的预览窗口中显示。单击末尾的▉按钮，可以关闭该预览窗口。

- ▉⋅⃞ 图层:pp (3).jpg ▾ （图层预览窗口标签）：在时间轴窗口中双击需要预览的图层，或在合成预览窗口中双击需要单独查看的图层，即可打开图层预览窗口，查看该图层当前的图像内容。

- ▉⋅⃞ 素材:VAN121.mov ▾ （素材预览窗口标签）：在项目窗口中双击需要查看内容的素材对象，即可打开素材预览窗口，预览素材的原始内容。

- 始终预览此视图▤：保持查看该窗口。

- (25%) ▾ （放大率）：单击该按钮，在弹出菜单中可以选择合成窗口中画面的显示比例。

- ▦ （选择网格和参考线选项）：单击该按钮，在弹出的菜单中可以选择要在合成窗口中显示的参考线，包括标题/动作安全、对称网格、网格、参考线、标尺、3D 参考轴，如图 1-14 所示。

图 1-14　选项下拉菜单

💡 提示

　　在球面显像管电视机时代，电视机屏幕边缘弯曲的区域不能被完整地显示出来，为保证字幕内容和关键动作能被完整显示，设置了字幕安全区和动作安全区来作为拍摄影片时的参考。其中，内圈为标题字幕安全区，外圈为动作安全区。虽然现在主流的液晶电视机已经不存在边缘弯曲问题，但是仍然可以作为影视内容编辑的安全范围参考，如图 1-15 所示。

- ▦ （切换蒙版和形状路径可见性）：按下该按钮后，蒙版和路径轮廓可见，反之则不可见，如图 1-16 所示。

图 1-15　字幕/动作安全区

图 1-16　显示蒙版轮廓

- 0:00:00:00 （当前时间）：显示时间轴窗口中时间指针当前的时间位置。单击该按钮，可以在弹出的"转到时间"对话框中输入时间、帧位置，然后单击"确定"按钮，即可快速跳转到该时间位置，并在合成窗口中显示该时间位置的画面，如图 1-17 所示。

图 1-17　"转到时间"对话框

- 　（拍摄快照）：按下该按钮，可以记录当前画面，方便在更改后进行对比。
- 　（显示快照）：按住该按钮不放，可以显示最后一次快照图像，释放后则显示当前画面。

 提示

　　按住 Shift 键不放，再分别按 F5、F6、F7、F8 功能键可进行多次快照，需要显示对应的快照时，再按 F5、F6、F7、F8 键即可。

- 　（显示通道及色彩管理设置）：在该下拉列表中选择相应的通道，即可在合成窗口中查看相应颜色的轮廓。
- 　完整 　（分辨率）：在该下拉列表中选择相应的选项或自定义数值，可以切换合成窗口中图像的显示分辨率，但不影响影片的最终输出效果。分辨率越低，合成窗口中图像的刷新率就越快。
- 　（目标区域）：按下该按钮后，可以在合成窗口中绘制一个矩形，只有矩形区域中的图像才能显示出来。方便在编辑过程中，针对某一局部位置进行观察或编辑。这里绘制的矩形，不同于在图层上绘制的蒙版，它只用于辅助观察细节，不会影响影片输出效果。再次单击该按钮，可以恢复正常显示，如图 1-18 所示。
- 　（切换透明网格）：在默认的情况下，合成窗口的背景为黑色。按下该按钮，可以使合成窗口中的背景显示为透明网格，如图 1-19 所示。
- 　左侧 　（3D 视图）：在该下拉菜单中，可以为合成窗口选择需要的视图角度，通常在进行三维编辑时使用，如图 1-20 所示。

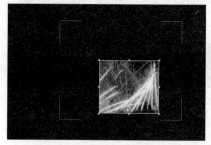

图 1-18　绘制关注矩形　　　　　图 1-19　显示透明背景　　　　　图 1-20　视图角度选择

- 　1... 　（选择视图布局）：配合 左侧 　按钮，可以在该下拉菜单中选择需要的选项，将合成窗口设置为显示多个角度的视图及排列方式，方便在进行三维图层编辑时准确地定位素材对象，如图 1-21 所示。
- 　（切换像素长宽比校正）：按下该按钮，可以切换像素的长宽比校正显示效果。通常在导入的素材图像像素长宽比与当前合成的图像像素长宽比不一致时使用。
- 　（快速预览）：在该下拉菜单中可以选择不同的动态加速预览选项，包括关（最终质量）、自适应分辨率、草图、快速绘图、线框等模式，方便快速预览当前完成的编辑效果。
- 　（时间轴）：单击该按钮，可以打开与当前合成对应的时间轴窗口。
- 　（合成流程图）：单击该按钮，可以打开与当前合成对应的流程图窗口，查看当前合成中素材的应用与嵌套关系，如图 1-22 所示。

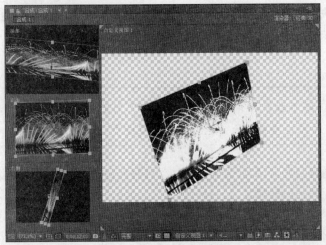

图 1-21　多视角查看合成

● 🔲（重设曝光度）：按下该按钮后，可以通过调整后面的"调整曝光度" ＋0.0 数值，查看合成窗口中的画面在不同数值曝光度时的效果，如图 1-23 所示。该设置只用于画面对比预览，不影响影片的渲染输出效果。

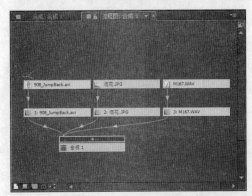

图 1-22　查看合成流程图

图 1-23　调节曝光度

5. 时间轴窗口

时间轴窗口是将素材组合成影片的主要工作窗口。用鼠标将项目窗口中的素材拖入时间轴窗口中，即可创建图层，然后可以将多个素材层按时间先后排列，并对素材进行位置、比例、旋转等属性的修改，编辑关键帧动画和添加特效等，如图 1-24 所示。

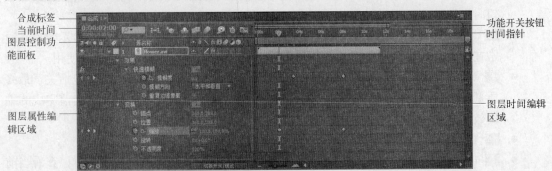

图 1-24　时间轴窗口

- 合成标签：一个典型的"合成"，通常包含多个层，这些层就是在时间轴窗口中的各种素材对象，包括视频素材、音频素材、图像、文本等。一个 After Effects 工程项目可以由多个合成组成，而一个合成也可以被当作包含了影像内容的素材对象，嵌入到其他的合成中。在时间轴窗口的合成标签栏中，可以显示当前项目文件中的多个合成。可以通过单击对应的合成标签，打开需要的合成对象，在时间轴窗口中显示其图层内容，如图 1-25 所示。

图 1-25　合成标签

- 当前时间与时间指针：当前时间和时间指针是对应显示的。将鼠标移动到当前时间的时间码上，在鼠标光标改变形状后，按住鼠标左键向左或向右拖动，可以将时间指针定位到需要的时间位置。单击鼠标左键，可以使时间码进入编辑状态，输入需要的时间位置，即可将时间指针定位到准确的位置。同样，用鼠标拖动时间指针，当前时间也会对应地显示时间指针的位置，同时在合成窗口中将同步显示当前时间的画面内容。

- 功能开关按钮：该区域中的功能按钮，用于控制当前合成的时间线中图层对应效果的开关状态。

  > ▣▣（合成微型流程图）：单击该按钮，可以弹出图表框，显示当前项目中嵌套合成的层级关系。如果没有嵌套关系，则只显示当前合成，如图 1-26 所示。

  图 1-26　显示合成嵌套关系

  > ▣（草图 3D）：默认为弹起状态，系统将忽略 3D 层中的灯光、阴影、摄像机深度模糊等特效。

  > ▣（隐藏为其设置了"消隐"开关的所有图层）：按下该开关，可以隐藏时间轴窗口中处于消隐状态的图层。

  > ▣（为设置了"帧混合"开关的所有图层启用帧混合）：用于控制是否在图像刷新时启用帧平滑融合效果。按下该开关，可以弥补帧速率加快或减慢时产生的图像质量下降。

  > ▣（为设置了"运动模糊"开关的所有图层启用运动模糊）：用于控制在合成窗口中是否显示运动图层的模糊效果。按下该开关，可以使时间轴窗口中打开了运动模糊开关的有运动设置的图层产生运动模糊效果。

  > ▣（变化）：可以根据所选参数在动画上进行创新。它将提供 9 幅全动态变更预览影像供用户选择，也可以取消某些影像，根据保留的影像进一步修改，如图 1-27 所示。

  > ▣（修改时的"自动关键帧"属性）：按下该开关，可以在图层的基本属性（位置、大小、旋转、不透明度、轴心点）发生改变时，自动在该时间位置创建对应属性的关键帧。

  > ▣（图表编辑器）：按下该开关，可以在时间轴窗口中将关键帧编辑状态切换为曲线图形编辑状态，方便对当前所选属性或特效的关键帧动画，以曲线图形模式进行编辑，可以得到更加平滑、多变的动画效果，如图 1-28 所示。

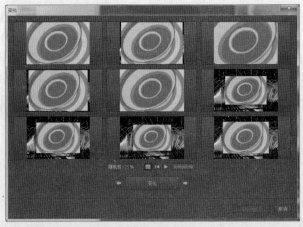

图 1-27 变化窗口

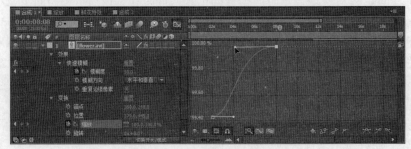

图 1-28 曲线图形编辑关键帧

- 图层属性编辑区：默认情况下，在时间轴窗口中会显示 A/V 功能、标签、#（序号）、图层名称、效果开关等在编辑工作中最常用的窗格。在时间轴窗口的面板栏上单击鼠标右键，可以在弹出的菜单中选择打开需要显示的相关功能窗格。单击素材层上与窗格栏中效果开关对应的开关按钮，可以启用或停用对应的效果。

- 👁 （视频）：激活该开关，显示当前选择图层里的对象；反之则隐藏该图层的在合成窗口中所显示的内容。

  ➤ 🔊 （音频）：激活该开关，可以正常播放该素材图层的音频，反之则使其静音。

  ➤ ⬤ （独奏）：激活该开关，其他图层的影像内容将不在合成窗口中显示，便于分别查看各个图层的对象并进行编辑。同时激活多个图层的独奏开关，则只显示启用了独奏开关的图层。

  ➤ 🔒 （锁定）：激活该开关，可以使被锁定的图层不能进行任何编辑操作，以免在编辑多个图层时产生误操作。再次单击该开关，即可解除锁定。

  ➤ ⬚ （消隐）：配合 "隐藏为其设置了'消隐'开关的所有图层" 🔲 按钮使用，可以将激活了 "消隐" 开关的图层在时间轴窗口中隐藏，但不影响其内容在合成窗口中的显示。

  ➤ ✳ （对于合成图层：折叠变换/对于矢量图层：连续光栅化）：该开关主要在加入到当前时间线中的合成和矢量图形对象（形状、空对象、调整图层以及导入的 Illustrator 矢量图形）上使用，激活该开关，可以将矢量图像转换为像素图像。

  ➤ ⬛ （质量和采样）：单击该开关，可以使图层的图像在显示和渲染时，在低质量的 ⬛ 状态和高质量的 ⬜ 状态间切换。在低质量状态下，不对图像应用抗锯齿和子像素技术，并忽略一些特效，图像会比较粗糙，但渲染速度快，适合在制作小样预览时使用。

> ➢ 　（效果）：打开或关闭应用于所有图层上的特效，方便观察应用视频特效前后的效果对比。

> ➢ 　（帧混合）：配合"为设置了'帧混合'开关的所有图层启用帧混合"按钮，对视频素材应用帧融合。

> ➢ 　（运动模糊）：配合"为设置了'运动模糊'开关的所有图层启用运动模糊"按钮，为运动素材应用动态模糊。

> ➢ 　（调整图层）：激活该按钮，可以将所选图层转换成调整图层，为其他图层应用色彩、明暗度等调节效果。

> ➢ 　（3D 图层）：激活该按钮，将所选图层转换成 3D 图层，可以在三维空间中对其进行空间效果的编辑操作。

- 源名称和图层名称：默认情况下，加入到时间轴窗口中的素材层都是以素材的源文件名称来命名。为方便用户在编辑过程中管理和识别，After Effects 提供了源名称和图层名称两种方式来显示图层名称。源名称就是素材的源文件名称，不可更改。可以根据需要自行修改图层名称：单击"源名称"窗格栏，切换到图层名称显示状态，选择需要修改图层名称的层后按 Enter 键，输入需要的图层名称并确认，即可完成对图层名称的修改，如图 1-29 所示。

图 1-29　修改图层名称

- 展开与隐藏功能窗格：单击时间线窗口底部对应的按钮，可以展开或隐藏对应的功能窗格，方便调整时间线窗口的外观到需要的工作状态。

> ➢ 　（展开或折叠"图层开关"窗格）：单击该按钮，可以切换"图层开关"窗格的显示与隐藏，如图 1-30 所示。

图 1-30　展开或隐藏"图层开关"窗格

> ➢ 　（展开或折叠"转换控制"窗格）：单击该按钮，可以切换"转换控制"窗格的显示与隐藏，如图 1-31 所示。

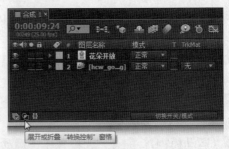

图 1-31　展开或隐藏 "转换控制" 窗格

> ⬚（展开或折叠 "入点" / "出点" / "持续时间" / "伸缩" 窗格）：单击该按钮，可以切换时间控制窗格的显示与隐藏，如图 1-32 所示。

图 1-32　展开或隐藏时间控制窗格

> ▨ 切换开关/模式 （切换开关/模式）：可以通过单击该按钮来切换 "图层开关" 窗格和 "转换控制" 窗格。

6. "信息" 面板

"信息" 面板用于显示在合成窗口（或图层窗口、素材窗口）中鼠标当前所在位置图像的颜色和坐标信息，以及时间轴窗口中当前所选图层的名称、持续时间、入点和出点等信息，方便用户了解编辑对象的相关信息，如图 1-33 所示。

7. "预览" 面板

"预览" 面板用于对素材、层、合成中的内容进行预览播放，通过面板中的控制按钮和相关选项，进行预览设置与控制。默认情况下，"预览" 面板只显示基本的播放控制按钮，用鼠标按住并向下拖动面板的下边缘，可以将该面板完整地显示出来，如图 1-34 所示。

图 1-33　"信息" 面板　　　　　　　图 1-34　"预览" 面板

- ◄◄（第一帧）：跳转到开始位置。
- ◄❘（上一帧）：逐帧后退。
- ▶（播放/暂停）：播放当前合成窗口中的影片内容或素材，再次单击则暂停播放。
- ❘▶（下一帧）：逐帧前进。
- ▶▶（最后一帧）：跳转到最后位置。

- 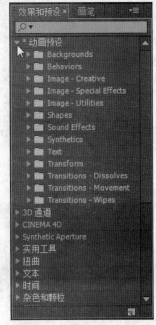 (静音)：切换是否播放音频，在按下状态时静音。
- （单击更改循环选项）：按下该按钮，可以在"播放一次"、"循环"、"乒乓循环"之间切换。
- （RAM 预览）：按下该按钮，启用内存进行渲染预览，渲染得到的临时文件可以被保存。单击"播放/暂停"按钮执行的预览，只是播放当前合成窗口中的影响内容。
- 帧速率：单击该按钮，可以在弹出的下拉列表中选择需要的帧频进行预览。
- 跳过：设置一个跳帧值后，在预览影片的过程中，间隔指定的帧数进行播放。
- 分辨率：在该下拉列表中选择预览影片时的画面分辨率，较低的分辨率可以加快渲染速度，方便快速预览影片的大体效果。

8. "效果和预设"面板

"效果和预设"面板中包括了所有的滤镜效果和预置动画，在选择图层对象后，在效果列表中找到并双击需要的特效即可，也可以用鼠标按住特效并拖动到目标对象上来完成特效的添加。在效果列表的"动画预设"文件夹中，可以直接调用成品动画效果，快速为目标对象引用一系列完整的动画效果，如图 1-35 所示。

图 1-35 效果和预设面板

1.2.1 实例 1 选择工作区布局

为了满足不同的工作需要，Adobe After Effects CC 提供了 9 种界面模式，方便用户根据编辑内容的不同需要，选择最方便的界面布局。

1 执行"窗口→工作区"命令或单击工具面板右边的"工作区"下拉按钮，可以在弹出的子菜单中选择所需要的工作区布局模式，如图 1-36 所示。

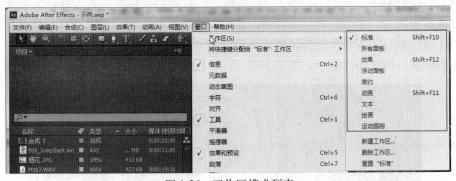

图 1-36 工作区模式列表

2 不同的工作区具有不同的界面布局结构，并显示出对应的主要工作出口和常用功能面板。安装好程序后第一次启动，默认为"标准"工作区。选择需要的工作区命令，可以将程序的工作窗口切换到对应的布局模式，如图 1-37～图 1-40 所示。

图 1-37　动画编辑布局模式

图 1-38　文本编辑布局模式

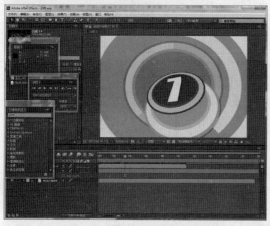

图 1-39　浮动面板布局模式

图 1-40　简约布局模式

1.2.2　实例 2　自定义工作区布局

　　1　将鼠标移动到工作窗口或面板的名称标签上，然后按住鼠标左键并向需要集成到的工作窗口或面板拖动，移动到目标窗口后，该窗口会显示出 6 个划分区域，包括环绕窗口四周的 4 个区域、中心区域以及标签区域。将鼠标移动到需要停靠的区域后释放鼠标，即可将其集成到目标窗口所在面板组中，如图 1-41 所示。

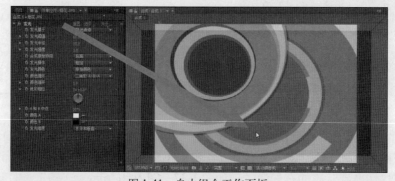

图 1-41　自由组合工作面板

图 1-41　自由组合工作面板（续）

2　按住工作面板名称标签前面的█图标并拖动，或者在拖动工作面板的过程中按Ctrl键，可以在释放鼠标后将其变为浮动面板，可以方便地将其停放在任意位置，如图 1-42 所示。

图 1-42　将工作面板拖放为浮动面板

3　将鼠标移动到工作面板之间的空隙上时，鼠标光标会改变为双箭头形状█（或█），此时按住鼠标并左右（或上下）拖动，即可调整相邻面板的宽度（或高度），如图 1-43 所示。

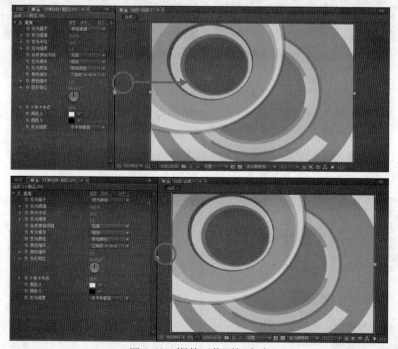

图 1-43　调整工作面板宽度

4　如果要将调整了面板布局的工作空间恢复到初始状态，可以通过执行"窗口→工作区→重置...（当前工作区）"命令来完成，如图 1-44 所示。

　　5　在调整好工作空间布局后，执行"窗口→工作空间→新建工作区"命令，在弹出的对话框中输入工作区名称并按"确定"按钮，将其创建为一个新的界面布局，方便在以后选择使用，如图 1-45 所示。

图 1-44　重置工作区

图 1-45　创建新的工作空间布局

　　6　在实际的编辑操作中，按键盘上的"~"键，可以快速将当前处于关注状态的面板（面板边框为高亮的橙色）放大到铺满整个工作窗口，方便对编辑对象进行细致的操作。再次按"~"键，可以切换回之前的布局状态，如图 1-46 所示。

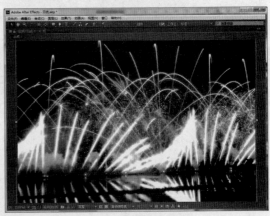

图 1-46　切换窗口最大化显示

1.2.3　实例 3　导入外部素材文件

　　1　执行"文件→导入→文件"命令，或在项目窗口中的空白位置单击鼠标右键并选择"导入→文件"命令，如图 1-47 所示。

　　2　在弹出的"导入"对话框中展开素材的保存目录，选择本书配套光盘中"实例文件\第 1 章\案例 1.2.4\Media"目录下准备的素材，如图 1-48 所示。

图 1-47　选择"导入"命令

图 1-48　选择要导入的素材文件

提示

在项目窗口文件列表区的空白位置双击鼠标左键，可以快速打开"导入"对话框，进行文件的导入操作。

3 单击"导入"按钮，即可将选择的素材导入到项目窗口中。拉宽项目窗口，可以显示出素材文件的其他信息，如文件大小、媒体持续时间、文件路径等，如图 1-49 所示。

图 1-49　导入的素材文件

1.2.4 实例 4　新建项目与合成

1 在启动 After Effects 时，程序将自动创建一个空白的工程项目，可以直接进行新建合成、导入素材等操作。在编辑工作中，可以随时执行"文件→新建→新建项目"命令来新建一个空白的项目文件。

2 执行"合成→新建合成"命令，或者在项目窗口中单击鼠标右键并选择"新建合成"命令，也可以打开"合成设置"对话框，对新建的合成属性进行设置，如图 1-50 所示。

● 合成名称：为创建的合成命名。
● 预设：设置合成项目的视频格式。可以选择 NTSC、PAL 制式的标准电视格式，以及 HDTV（高清电视）、胶片等其他常用影片格式。
● 宽度/高度：显示了当前所设置合成图像的宽度和高度，可以输入数值进行自定义修改。
● 锁定长宽比为…：勾选该选项，可以锁定画面的宽高比。调整高度或宽度的数值时，另一数值也会等比改变。
● 像素长宽比：设置合成图像的像素宽高比。像素的高宽比决定了影片画面的实际大小，电视规格的视频基本上没有正方形的像素，需要根据影片的实际应用进行选择和设置，如果只是用于电脑显示器上的播放演示，则可以选择"方形像素"。
● 帧速率：设置合成序列的帧速率。
● 分辨率：设置合成序列的显示精度，决定了合成影片的渲染质量。通常在此都选择"完整"，在编辑完成后需要渲染输出时，再根据需要选择输出分辨率。
● 开始时间码：默认情况下，合成序列从 0 秒开始计时，也可以根据需要设置一个开始值。
● 持续时间：设置整个合成序列的时间长度。

● 背景颜色：合成窗口的默认背景色为黑色，可以根据需要自定背景色。

3 不同的视频格式，其画面尺寸、帧速率、像素高宽比也不同，在这里设置合成属性时，通常在"预设"下拉列表中选择视频格式后，就只需要再设置好持续时间即可。单击"确定"按钮，即可在项目窗口中查看到新创建的合成序列，如图 1-51 所示。

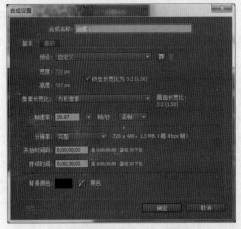

图 1-50 "合成设置"对话框

图 1-51 新建的合成序列

4 在项目窗口中单击鼠标右键并选择"新建合成"命令，或单击项目窗口下面的"新建合成"![按钮]按钮，也可以打开"合成设置"对话框新建合成。用户在自定义合成设置后，如果需要经常使用，可以单击"预设"下拉列表后面的![按钮]按钮，在弹出的对话框中为新建的预设项目进行命名并保存，如图 1-52 所示，即可在"预设"下拉列表中选择该新建的设置类型，快速创建需要的合成项目。对于不再需要的预设项目，可以单击![按钮]按钮将其删除。

图 1-52 为新建的合成预设命名

5 在编辑过程中也可以随时根据需要对合成项目的属性设置进行修改：在项目窗口中的合成项目上单击鼠标右键，或在当前项目的时间轴窗口、合成窗口的右上角单击![按钮]按钮，在弹出的命令选单中选择"合成设置"命令，或者直接按"Ctrl+K"键，即可打开当前所选合成的属性设置对话框进行修改设置，如图 1-53 所示。

6 执行"文件→保存"命令或按"Ctrl+S"键打开"另存为"对话框，将创建的工程项目文件保存到文件目录。

图 1-53 修改合成设置

1.2.5 实例 5 影片项目的渲染输出

素材目录	光盘\实例文件\第 1 章\案例 1.2.5\Media\
项目文件	光盘\实例文件\第 1 章\案例 1.2.5\Complete\渲染输出示例.aep
案例要点	渲染就是将编辑完成的影片项目转换输出成独立影片文件的过程；在 After Effects 中，是以编辑好内容的合成序列作为输出对象的。在一个项目文件中，可以创建多个合成，也可以将一个合成加入到另一合成的时间轴窗口中作为素材使用，所以在输出影片时，一定要先选择作为影片主体的工作合成，再执行渲染输出

1 执行"文件→打开项目"命令，在打开的对话框中选择配套光盘中本实例文件目录下准备的"渲染输出示例.aep"项目文件，然后单击"打开"按钮，如图 1-54 所示。

2 打开该工程项目文件后，可以在合成窗口中拖动时间指针或按空格键，对该项目的影片内容进行播放预览。单击"预览"面板中的"RAM 预览" 按钮，可以播放预览合成序列中的音频内容。

3 在项目窗口中选择该影片的工作合成"水问"，然后执行"合成→添加到渲染队列"命令或按"Ctrl＋M"键，如图 1-55 所示。

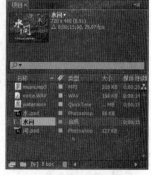

图 1-54 打开项目文件　　　　　　　　　图 1-55 选择要渲染输出的合成

4 After Effects 将打开"渲染队列"面板，单击面板中各选项前面的三角形图标，可以展开该选项下具体参数设置的显示，如图 1-56 所示。

5 在"渲染设置"选项中显示了当前执行渲染所应用的设置和视频属性。单击"渲染设置"右侧的下拉按钮，可以在弹出的菜单中根据需要选择不同的预设渲染模板，如图 1-57 所示。

图 1-56 "渲染队列"面板

图 1-57 "渲染设置"下拉列表

- 最佳设置：使用最好质量的渲染设置。
- DV 设置：使用 DV 模式渲染设置。
- 多机设置：在编辑多机拍摄项目时使用，可以生成声音时间同步的系列影片文件。
- 当前设置：使用当前合成项目中的渲染质量设置。
- 草图设置：使用草图质量渲染影片，用
  于快速生成小样或测试输出效果。
- 自定义：根据需要进行自定义渲染设置。
- 创建模板：用户自定义好常用的渲染设
  置后，选择此命令，在弹出的"渲染设
  置模板"对话框中为新建的渲染设置模
  板设定名称，然后单击"确定"按钮，
  即可将其添加到预设渲染模板列表中，
  方便以后调用。

图 1-58 "渲染设置"对话框

6 单击"渲染设置"选项后面的"最佳设
置"文字按钮，可以打开"渲染设置"对话框，
对合成的渲染进行详细的参数设置，如图 1-58
所示。

- 品质：设置影片的渲染质量。包含了"最佳"、"草图"和"线框"3 种模式，一般情
  况下选择"最佳"。
- 分辨率：设置渲染生成影片的分辨率。在"分辨率"下拉列表中选择了"完整"以外

的渲染分辨率时，将在下面的"大小"选项后面的括号中显示其将会生成的实际画面尺寸。

- 效果：设置渲染时是否渲染在素材图层上添加的特效。可以选择"当前设置"、"全部打开"或"全部关闭"。
- 独奏开关：设置是否渲染独奏图层。
- 颜色深度：设置渲染影片的每个颜色通道的色彩深度，包括"当前设置"、"8 位"、"16 位"及"32 位"。
- 帧混合：设置渲染项目中所有图层的帧混合。
  - 当前设置：以时间轴窗口中当前的帧融合开关设置为准。
  - 对选择图层打开：只对时间轴窗口中已开启帧融合的图层有效。
  - 对所有图层关闭：关闭所有图层的帧融合。
- 场渲染：对渲染时的场进行设置。
  - 关：如果要渲染生成的视频是非交错场影片（即逐行扫描），则选择该项以关闭。
  - 高/低场优先：如果渲染生成的视频为交错场影片，则根据需要在此选择上场或下场优先。
- 3:2Pulldown（3:2 重合位）：设置 3:2 下拉的引导相位，在渲染交错场影片时才可设置。
- 运动模糊：对渲染项目中的运动模糊进行设置，可以选择使用当前设置、全部关闭或对选择的图层打开。
- 时间跨度：设置渲染项目的时间范围。
  - 合成长度：渲染整个项目。
  - 仅工作区域：渲染时间轴窗口中工作区域部分。
  - 自定义：选择"自定义"选项或单击右侧的"自定义"按钮，将打开"自定义时间范围"对话框，可以任意设置需要渲染的时间范围，如图 1-59 所示。
- 帧速率：设置渲染生成影片的帧速率。
  - 使用合成的帧速率：使用合成中所设置的帧速率。
  - 使用此帧速率：选择该单选框后，设置自定义的帧速率。

7 单击"输出模块"后面的下拉按钮，可以在弹出的下拉菜单中选择预设的输出文件类型，方便快速设定输出文件格式，如图 1-60 所示。

图 1-59 "自定义时间范围"对话框

图 1-60 预设输出文件类型列表

8 单击"输出模块"选项后面的"无损"文字按钮，可以打开"输出模块设置"对话框，对渲染影片的输出格式进行详细的参数设置，如图 1-61 所示。

- 格式：设置输出的文件格式。在此选择不同的文件格式，其他选项将显示相应的设置参数，如图 1-62 所示。

图 1-61 "输出模块设置"对话框

图 1-62 文件格式列表

- 渲染动作后：设置渲染完成后，如何处理所生成影片与当前工作项目间的关系。例如，选择"导入"，则在渲染完成后，自动将输出生成的影片文件导入到当前工作项目的项目窗口中。

- 格式选项：打开"格式选项"对话框，对输出影片的视频和音频压缩格式进行详细的设置。在"格式"列表中选择不同的文件格式时，在此对话框中的选项也会不同。在"视频"标签中可以为当前所选输出影片选择视频编码格式、画面质量数值等参数。在"音频"标签中可以设置音频压缩编码、音频交错时间等参数，如图 1-63 所示。

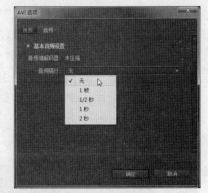

图 1-63 格式选项对话框

- 调整大小：该选项默认没有开启，在需要时可以勾选该选项，对输出影片的画面尺寸进行重新定义。

- 裁剪：该选项默认没有开启，在需要时可以勾选该选项，可以分别对输出影片画面的四边进行指定像素距离的裁切。

- 音频选项：默认为"自动音频输出"选项，表示在合成中包含音频时才会输出音频，在下面的选项中对输出影片中的音频属性进行参数设置。选择"打开音频输出"，即使合成中没有音频内容，也将在输出影片文件中包含一个静音的音频轨道。选择"关闭音频输出"，则合成中包含了音频内容也不会被输出。

9 单击"格式选项"按钮打开"AVI 选项"对话框，单击"视频编解码器"后面的下拉按钮并选择"DV NTSC"，以标准 NTSC 制式编码输出视频文件，然后单击"确定"按钮。

10 在"渲染队列"面板中单击"输出到"选项后面的文字按钮，在打开的"将影片输出到"对话框中，为将要渲染生成的影片指定保存目录和文件名，如图 1-64 所示。

11 单击"保存"按钮，回到"渲染队列"面板中。单击 "渲染"按钮，执行渲染输出。在渲染输出的过程中，在"当前渲染"选项中显示了正在进行的渲染工作进度以及渲染剩余时间、文件预计与最终尺寸等信息，如图 1-65 所示。单击"暂

图 1-64　指定保存目录和文件名

停"按钮，可以暂停渲染的进度，再次单击可以继续渲染。单击"停止"按钮，可以停止渲染进程。

图 1-65　渲染进程

12 渲染完成后，After Effects CC 将播放提示音。打开影片的输出保存目录，可以使用媒体播放器程序播放输出影片，如图 1-66 所示。

图 1-66　在 Windows Media Player 中观看影片输出效果

1.3　练习题

1. 自定义工作区并创建新的布局

将程序界面中最常用的工作面板或窗口设置为主要显示窗口并创建为新的界面布局，可以在更符合个人操作习惯的工作环境中提高工作效率。将 After Effects CC 的工作界面调整为

如图 1-67 所示的布局，并将其创建为一个新的工作区。

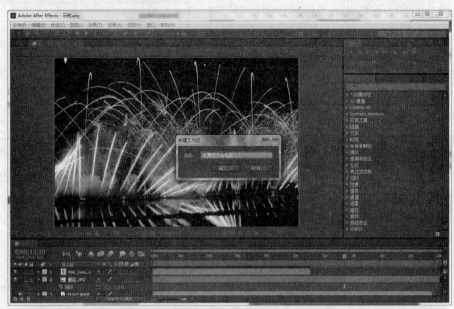

图 1-67　创建自定义界面布局

2. 创建自定义的预设序列样式

在"合成设置"对话框中，创建一个画面尺寸为 720 px×480 px、"像素长宽比"为"方形像素"、帧速率为 25 帧/秒的自定义预设序列样式，如图 1-68 所示。

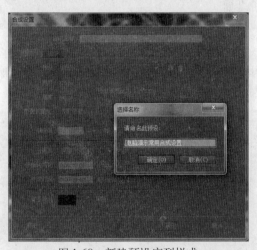

图 1-68　新建预设序列样式

第2章 素材剪辑

 本章重点

- ➢ 多层图像素材的导入设置
- ➢ 导入序列图像文件
- ➢ 重命名素材文件
- ➢ 创建文件夹管理素材
- ➢ 重新加载素材
- ➢ 将素材加入时间轴窗口
- ➢ 修改图像素材的默认持续时间
- ➢ 调整图层的入点和出点
- ➢ 伸缩动态素材图层的持续时间
- ➢ 用外部素材替换项目中的素材
- ➢ 用其他素材替换目标图层
- ➢ 为素材添加特效
- ➢ 制作游玩照片电子相册——来自星星的机器人
- ➢ 快慢变速与镜头倒放特效——哗啦啦的骨牌

2.1 编辑技能案例训练

2.1.1 实例 1 多层图像素材的导入设置

素材目录	光盘\实例文件\第 2 章\案例 2.1.1\Media\
项目文件	光盘\实例文件\第 2 章\案例 2.1.1\Complete\多层图像素材的导入设置.aep
案例要点	在实际的编辑工作中，常常在 Photoshop、Illustrator 等图像编辑软件中制作好多图层图像，然后直接导入 After Effects 中使用，可以很方便地得到包含透明内容、美观的字体、精确的尺寸、特殊滤镜效果的图像素材。这里以导入 PSD 素材为例，介绍在 After Effects 中导入含有图层的素材的方法

　　1　在项目窗口中单击鼠标右键并选择"导入→文件"命令，在打开的"导入文件"对话框中选择为本实例准备的素材文件，如图 2-1 所示。

　　2　单击"导入"按钮后，在弹出的对话框中单击"导入种类"后面的下拉按钮，在弹出的下拉列表中选择 PSD 文件的导入方式，如图 2-2 所示。

图 2-1 选择 PSD 文件

图 2-2 "导入分层文件"对话框

3 在选择"导入种类"为"素材"时，在下面的"图层选项"中选择"合并的图层"，再单击"确定"按钮，将在导入到项目窗口中时只生成一个素材文件，如图 2-3 所示。

4 在选择"导入种类"为"素材"时，在下面的"图层选项"中选择"选择图层"选项，可以在其下拉列表中选择需要的图层，单独导入该图层中的图像内容，如图 2-4 所示。

图 2-3 合并图层后导入的素材

图 2-4 选择需要导入的图层

5 在"导入种类"列表中选择"合成"选项执行导入，将以合成形式导入该 PSD 文件，文件的每一个图层都将成为合成中单独的图层，并保持与 PSD 中相同的图层顺序。在"图层选项"中选择"可编辑的图层样式"选项，则可以保持图层样式的可编辑性，在 After Effects 中进行修改编辑。选择"合并图层样式到素材"选项，将 PSD 文件中图层的图层样式应用到图层中，方便快速渲染，但不能在 After Effects 中进行编辑。单击"确定"按钮，以合成方式导入 PSD 文件，After Effects 将创建一个合成和一个合成文件夹，如图 2-5 所示。

图 2-5 以合成方式导入

6 在"导入种类"列表中选择"合成-保持图层大小"选项并执行导入，与选择"合成"来执行导入的方式基本相同，只是该形式可以直接使 PSD 文件中每个图层都以本图层有像素区域的边缘作为导入素材的大小，如图 2-6 所示。

图 2-6 以"合成"和以"合成-保持图层大小"方式导入所生成素材的对比

2.1.2 实例 2 导入序列图像文件

素材目录	光盘\实例文件\第 2 章\案例 2.1.2\Media\
项目文件	光盘\实例文件\第 2 章\案例 2.1.2\Complete\导入序列图像文件.aep
案例要点	序列图像通常是指一系列在画面内容上有连续的单帧图像文件，并且需要以连续数字序号的文件名才能被识别为序列图像。在以序列图像的方式将其导入时，可以作为一段动态图像素材使用

1 在项目窗口中双击鼠标左键，在打开的"导入文件"对话框中打开本实例素材目录，选择其中的第一个图像文件，然后勾选对话框下面的"JPEG 序列"选项，如图 2-7 所示。

图 2-7 导入图像序列

2 单击"导入"按钮，将序列图像文件导入项目窗口中，如图 2-8 所示。

3 在项目窗口中双击导入的序列图像素材，可以打开素材预览窗口，通过拖动时间指针或按空格键，预览序列图像中的动态内容，如图 2-9 所示。

图 2-8　导入的序列图像素材

图 2-9　预览素材内容

 提示

　　After Effects CC 默认以连续数字序号的文件名作为识别序列图像的标识。有时准备的素材文件是以连续的数字序号命名，在选择其中一个进行导入时，将会被自动转换为序列图像导入；如果不想以序列图像的方式将其导入，或者只需要导入序列图像中的一个或多个图像，可以在"导入文件"对话框中取消对"**序列"复选框的勾选，再执行导入即可。

2.1.3　实例 3　重命名素材文件

素材目录	光盘\实例文件\第 2 章\案例 2.1.3\Media\
项目文件	光盘\实例文件\第 2 章\案例 2.1.3\Complete\重命名素材文件.aep
案例要点	默认情况下，导入到项目窗口中的素材保持与导入前相同的文件名。为方便查看与管理，可以根据需要或认知习惯对其进行重新命名，方便快速识别其素材内容

　　1　在项目窗口中双击鼠标左键，在打开的"导入文件"对话框中选择本实例素材目录中准备的图像文件，单击"导入"按钮将其导入，如图 2-10 所示。

图 2-10　导入素材文件

　　2　在项目窗口中选择该素材文件，单击鼠标右键并选择"重命名"命令，或者直接按 Enter 键，即可进入其名称编辑状态，输入新的名称即可，如图 2-11 所示。

图 2-11　重命名素材文件

 提示

　　如果被重命名的素材文件已经被添加到合成中使用，那么合成中使用该素材所创建的图层也将自动更新重命名后的图层名称与源名称。

2.1.4　实例 4　创建文件夹管理素材

素材目录	光盘\实例文件\第 2 章\案例 2.1.4\Media\
项目文件	光盘\实例文件\第 2 章\案例 2.1.4\Complete\创建文件夹管理素材.aep
案例要点	一个复杂的影片项目，常常需要导入大量的素材，如果全部直接存放在项目窗口中，在查找使用时会非常麻烦。通过新建文件夹，可以将项目窗口中的素材分类存放，可以方便查找选用和整理

　　1　在新建项目文件的项目窗口中双击鼠标左键，打开"导入文件"对话框并选择本实例素材目录下的所有文件，然后单击"导入"按钮，如图 2-12 所示。

图 2-12　选择要导入的素材文件

　　2　在项目窗口中的空白处单击鼠标右键并选择"新建文件夹"命令，或者单击窗口下方的"新建文件夹"按钮，然后为新创建的文件夹命名为"图像素材"，如图 2-13 所示。
　　3　在按住 Ctrl 键的同时，用鼠标选择项目窗口中所有的图像素材，然后将它们拖入到该文件夹中存放，单击文件夹前面的三角形按钮，可以展开该文件夹，如图 2-14 所示。

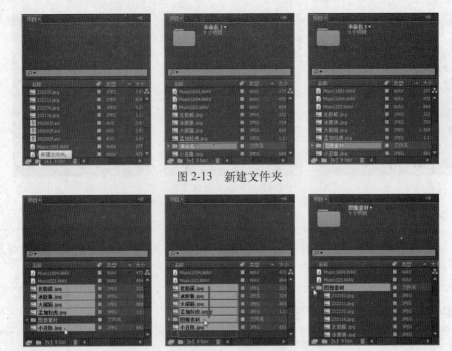

图 2-13　新建文件夹

图 2-14　将素材文件移入文件夹

4　选择"图像素材"文件夹，然后单击窗口下方的"新建文件夹"按钮 ，可以在该文件夹中创建新的文件夹，设置文件夹名称并移入对应的素材文件，可以方便进行更详细的素材区别管理，如图 2-15 所示。

图 2-15　在文件夹中新建文件夹管理素材

5　创建新的文件夹并设置合适的名称，将项目窗口中的其他素材文件移入对应的文件夹中，完成效果如图 2-16 所示。

图 2-16　创建文件夹并整理素材文件

提示

在实际工作中，可以提前编辑好各种图像文件并保存在指定的目录中，通过导入文件夹的方式，直接将素材导入项目窗口中并保存在相同名称的文件夹内，方便规范管理和识别。在打开"导入文件"对话框后，选择需要导入的文件夹，然后单击对话框下面的"导入文件夹"按钮即可，如图 2-17 所示。

图 2-17　导入文件夹

2.1.5　实例 5　重新加载素材

素材目录	光盘\实例文件\第 2 章\案例 2.1.5\Media\
项目文件	光盘\实例文件\第 2 章\案例 2.1.5\Complete\重新加载素材.aep
案例要点	在实际工作中，常常会在编辑过程中发现已经导入的素材在准备阶段的编辑不够完善，需要重新修改。但修改完成后的素材文件不会立即自动更新在 After Effects 中，此时需要执行重新载入素材命令

1 在项目窗口的空白区域双击鼠标左键，打开"导入文件"对话框，选择本实例素材目录下准备的"AE.psd"文件，然后单击"打开"按钮，将其以"合成"的方式导入，如图 2-18 所示。

2 双击项目窗口中导入生成的"AE.psd"合成，打开合成窗口，查看其图像内容，如图 2-19 所示。

图 2-18　以"合成"方式导入 PSD 文件　　　　图 2-19　查看合成内容

3 在 Photoshop 中打开"AE.psd"文件，修改文字的颜色和字体，然后保存并退出，如图 2-20 所示。

图 2-20　修改文字属性

　　4　回到 After Effects CC 中，在项目窗口中展开 PSD 合成的文件夹，在文字图层上单击鼠标右键并选择"重新加载素材"命令，即可将在外部修改后的图像素材进行更新，如图 2-21 所示。

图 2-21　重新载入素材

2.1.6　实例 6　将素材加入时间轴窗口

素材目录	光盘\实例文件\第 2 章\案例 2.1.6\Media\
项目文件	光盘\实例文件\第 2 章\案例 2.1.6\Complete\将素材加入时间轴窗口.aep
案例要点	将素材加入到时间轴窗口中，进行图像图层次、时间位置的编排，可以决定影片中各素材内容在播放时出现的先后关系，可以使用鼠标来完成操作

　　1　在项目窗口的空白区域双击鼠标左键，打开"导入文件"对话框，选择本实例素材目录下准备的素材文件并导入，如图 2-22 所示。

　　2　单击项目窗口下面的"新建合成" 按钮，打开"合成设置"对话框，在"预设"下拉列表中选择 NTSC DV，设置持续时间为 20 秒，然后单击"确定"按钮，如图 2-23 所示。

　　3　打开新建合成的时间轴窗口后，在项目窗口中选择一个素材文件，然后按住并拖动到时间轴窗口的图层列表中，在释放鼠标后即可创建该图像的图层，同时图层在时间指针当前的位置开始，如图 2-24 所示。

　　4　在项目窗口中另外选择一个素材文件，将其按住并拖动到时间轴窗口的时间线区域中创建图层，该素材图层将从释放鼠标时所在的位置开始，如图 2-25 所示。

图 2-22 导入素材

图 2-23 新建合成

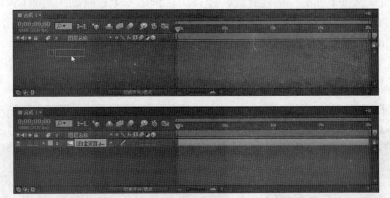

图 2-24 加入素材到图层列表中

图 2-25 加入素材到时间线区域中

5 在项目窗口中选择多个素材并加入到时间轴窗口中，所生成图层的上下层次将与在项目窗口中选择素材时的先后顺序保持一致，如图 2-26 所示。

图 2-26 加入多个素材到时间轴窗口

2.1.7 实例 7 修改图像素材的默认持续时间

素材目录	光盘\实例文件\第 2 章\案例 2.1.7\Media\
项目文件	光盘\实例文件\第 2 章\案例 2.1.7\Complete\修改图像素材的默认持续时间.aep
案例要点	默认情况下，将项目窗口中的图像素材加入到时间轴窗口中时，素材图层的持续时间将与合成的持续时间保持一致，而视频、音频、序列图像等动态素材则保持自身原有的持续时间。通过修改首选项参数，可以将图像素材加入时间轴窗口中的默认持续时间修改为自定义的长度，方便快速地对同类素材进行持续时间的统一设置

1 单击项目窗口下面的"新建合成"![icon]按钮，新建一个视频制式为 NTSC DV，设置持续时间为 15 秒的合成，如图 2-27 所示。

2 按"Ctrl+S"键为项目文件命名并保存到指定的目录中。

3 执行"编辑→首选项→导入"命令，在"静止素材"的持续时间选项中设置数值为 5 秒（0:00:05:00），然后单击"确定"按钮，完成对素材默认持续时间的设置，如图 2-28 所示。

图 2-27 新建合成

图 2-28 修改静止素材默认持续时间

4 在项目窗口的空白区域双击鼠标左键，打开"导入文件"对话框，选择本实例素材目录下准备的素材文件并导入。

5 在项目窗口中选择导入的图像素材，然后将它们按住并拖入时间轴窗口中，即可看见所创建素材图层的持续时间都变成 5 秒了，如图 2-29 所示。

图 2-29 加入到时间轴窗口中的图像素材

 提示

After Effects CC 将自动为新导入的图像素材应用上一次修改确定的静态素材持续时间。如果需要修改该持续时间或恢复默认的与合成保持一致，则需要退出程序并重新启动后，再次执行"编辑→首选项→导入"命令，并在"静止素材"选项中选择"合成的长度"单选项或重新设置需要的持续时间。

2.1.8 实例 8 调整图层的入点和出点

素材目录	光盘\实例文件\第 2 章\案例 2.1.8\Media\
项目文件	光盘\实例文件\第 2 章\案例 2.1.8\Complete\调整图层的入点和出点.aep
案例要点	素材图层在时间轴窗口中的持续时间，就是图层的入点与出点之间的距离。通过调整图层的入点和出点位置，可以对图层内容在影片中播放的时间范围进行确定。对于本身具有确定时间长度的动态素材，除了可以被整体移动时间位置外，还可以通过调整图层的入点或出点位置，修剪出只需要在合成中应用的内容片段

1　单击项目窗口下面的"新建合成"![]按钮，新建一个视频制式为 NTSC DV ，设置持续时间为 15 秒的合成。

2　在项目窗口的空白区域双击鼠标左键，打开"导入文件"对话框，选择本实例素材目录下准备的素材文件并导入。

3　在项目窗口中选择导入的图像素材，将其加入到时间轴窗口中的开始位置。

4　在时间轴窗口中的素材图层上按住鼠标左键并左右拖动，可以将该素材图层的时间位置整体向前或向后移动，如图 2-30 所示。

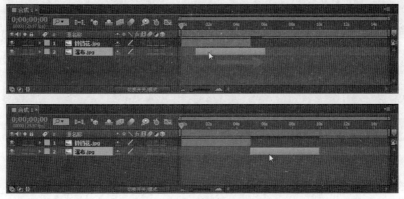

图 2-30　移动图层时间位置

5　将鼠标移动到图像素材图层的入点（或出点）上，在鼠标光标改变形状为双箭头标记时，按下鼠标左键并向左或向右拖动到需要的时间线位置，即可完成对素材图层持续时间的调整，如图 2-31 所示。

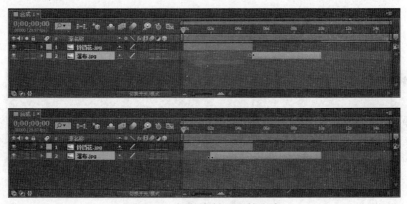

图 2-31　调整素材图层的入点

提示

选择素材图层后，按 I 键（即入点 In），可以直接将时间指针移至该图层的开始时间位置。按 O 键（即出点 Out），则将时间指针移至图层结束的时间位置。

在项目窗口中选中导入的音频素材和视频素材，将它们加入到时间轴窗口中。将鼠标移动到动态素材图层的入点（或出点）上，向右拖动入点或向左拖动出点，可以调整动态素材的开始和结束位置，修剪出需要的内容片断，如图 2-32 所示。

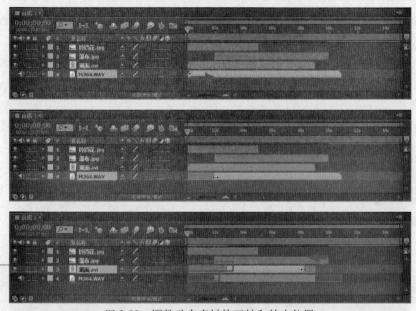

修剪掉的灰色部分将不显示

图 2-32　调整动态素材的开始和结束位置

提示

在需要调整时间轴窗口中时间标尺的显示比例，以方便查看和操作素材图层时，可以通过调整时间导航器的开始、结束点以及停靠位置，或拖动比例缩放器上的滑块，或直接按 +（加号）或 -（减号）键，快速地放大（最大可以放大到每单位一帧）或缩小时间标尺的显示比例，方便进行精细准确的编辑操作，如图 2-33 所示。

时间导航器

比例缩放器

图 2-33　调整时间标尺比例

2.1.9　实例 9　伸缩动态素材图层的持续时间

素材目录	光盘\实例文件\第 2 章\案例 2.1.9\Media\
项目文件	光盘\实例文件\第 2 章\案例 2.1.9\Complete\伸缩动态素材图层的持续时间.aep
案例要点	对于图像素材，可以直接使用鼠标在时间轴窗口中的图层上拖动入点或出点来改变其持续时间。对于视频、音频等动态素材，使用同样的方法只能推迟入点或提前出点来截取需要的剪辑部分。通过对时间轴窗口中的素材图层进行伸缩持续时间的操作，则可以自由调整静态图像素材、动态素材的播放持续时间

1　在项目窗口的空白区域双击鼠标左键，打开"导入文件"对话框，选择本实例素材目录下准备的素材文件并导入。

2　单击项目窗口下面的"新建合成" ▣按钮，新建一个视频制式为 NTSC DV ，设置持续时间为 20 秒的合成。

3　为方便查看对动态素材图层进行持续时间伸缩前后的对比，将项目窗口中导入的视频素材加入两次到时间轴窗口中的开始位置，如图 2-34 所示。

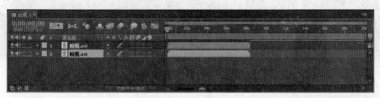

图 2-34　加入视频素材

4　选择图层 2 中的视频素材，然后执行"图层→时间→时间伸缩"命令，打开"时间伸缩"对话框，通过其中的选项设置，可以对素材图层的持续时间进行调整，如图 2-35 所示。

- 原持续时间：显示该素材图层原始的持续时间。
- 拉伸因数：通过用鼠标左右拖动来调整数值，或直接单击后输入需要的数值，来调整素材的持续时间。对于视频、音频等动态素材，在数值低于 100% 时，动态素材的图层将加速播放，类似快镜头效果；

图 2-35　"时间伸缩"对话框

在数值高于 100% 时，动态素材的图层将减速播放，类似慢镜头效果。

- 新持续时间：显示调整了伸缩率后新的持续时间，也可以在此直接输入持续时间。
- 图层的入点：锁定图层入点，以入点为基准向后延长或缩短图层的持续时间。
- 当前帧：锁定当前帧，以时间指针当前的位置为基准，向两边延长或缩短图层的持续时间。
- 图层的出点：锁定图层出点，以入点为基准向前延长或缩短图层的持续时间。

5　设置"拉伸因数"为 200%并在"原位定格"选项中选择"图层的入点"选项，然后单击"确定"按钮，即可在时间轴窗口中查看到应用时间伸缩操作后素材图层的持续时间变化，如图 2-36 所示。

6　拖动时间轴窗口中的时间指针或按空格键进行播放预览，即可在合成窗口中查看到下层视频素材播放时变慢的效果。

图 2-36　延展持续时间后的图层

7　单击时间轴窗口下面的"展开或折叠入点/出点/持续时间/伸缩窗格"■按钮，可以在展开的面板中，使用鼠标对图层的入点、出点、持续时间、伸缩率进行调整，如图 2-37 所示。

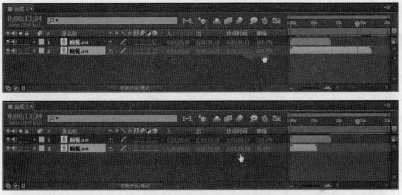

图 2-37　伸缩图层的持续时间

2.1.10　实例 10　用外部素材替换项目中的素材

素材目录	光盘\实例文件\第 2 章\案例 2.1.10\Media\
项目文件	光盘\实例文件\第 2 章\案例 2.1.10\Complete\用外部素材替换项目中的素材.aep
案例要点	通过对项目窗口中的素材对象与外部其他素材文件进行替换操作，可以将当前合成中被替换的素材文件，改换成另外的素材内容，并且自动更新当前工作项目中所有应用了该素材的合成中对应的内容

1　单击项目窗口下面的"新建合成"■按钮，新建一个视频制式为 NTSC DV，设置持续时间为 15 秒的合成。

2　在项目窗口的空白区域双击鼠标左键，打开"导入文件"对话框，选择本实例素材目录下的"小老虎.jpg"素材文件并导入。

3　在项目窗口中选择导入的图像素材，将其加入到合成的时间轴窗口中，如图 2-38 所示。

图 2-38　加入素材到时间轴窗口中

4　在项目窗口中的"小老虎.jpg"素材上单击鼠标右键并选择"替换素材→文件"命令，在弹出的对话框中选择本实例素材目录下的"小猫咪.jpg"素材文件并单击"打开"按钮，即可完成素材的替换，如图 2-39 所示。

图 2-39　替换素材

5　在时间轴窗口中将自动更新之前加入的素材为替换后的素材，同时在合成窗口中也将显示新素材的图像内容，如图 2-40 所示。

图 2-40　替换后的素材图层

2.1.11　实例 11　用其他素材替换目标图层

素材目录	光盘\实例文件\第 2 章\案例 2.1.11\Media\
项目文件	光盘\实例文件\第 2 章\案例 2.1.11\Complete\用其他素材替换目标图层.aep
案例要点	使用项目窗口中的素材替换时间轴窗口中的图层，可以很方便地将该图层替换为新的素材内容，同时保留对原图层应用的特效及动画设置等效果

1　在项目窗口的空白区域双击鼠标左键，打开"导入文件"对话框，选择本实例素材目录下准备的素材文件并导入。

2　单击项目窗口下面的"新建合成"按钮，新建一个视频制式为 NTSC DV，设置持续时间为 15 秒的合成。

3　从项目窗口中将"CAT.jpg"加入到时间轴窗口中，可以在合成窗口中查看其图像内容。

4　在按住 Alt 键的同时，从项目窗口中选择"BIRD.jpg"并拖动到时间轴窗口中的"CAT.jpg"图层上，在释放鼠标后，将该图层替换为新的素材内容，如图 2-41 所示。

图 2-41　用其他素材替换目标图层

2.1.12 实例 12 为素材添加特效

素材目录	光盘\实例文件\第 2 章\案例 2.1.12\Media\
项目文件	光盘\实例文件\第 2 章\案例 2.1.12\Complete\为素材添加特效.aep
案例要点	通过为合成中的素材图层应用各种特效并恰当设置，可以得到精彩的影像效果。在 After Effects CC 中，可以使用多种方法为素材图层添加特效

1 在项目窗口的空白区域双击鼠标左键，打开"导入文件"对话框，选择本实例素材目录下准备的素材文件并导入。

2 在项目窗口中导入的视频素材上单击鼠标右键并选择"基于所选项新建合成"命令，直接应用该素材的视频属性创建一个合成，如图 2-42 所示。

图 2-42 基于所选项新建合成

3 在时间轴窗口中选择需要添加特效的图层，或在合成窗口中直接选择素材对象，然后在主菜单中点击"效果"菜单，从其中选择需要添加的特效即可，如选择"风格化→发光"特效，如图 2-43 所示。

图 2-43 通过菜单命令为素材添加特效

4 为素材图层添加特效后，After Effects 将自动打开"效果控件"面板并显示所添加特效的参数设置选项。在"效果控件"面板中单击鼠标右键，可以快速选择特效添加到当前素材图层上，如图 2-44 所示。

图 2-44 通过"效果控件"面板添加特效

　　5　在时间轴窗口中的素材图层上或合成窗口中需要添加特效的图层对象上单击鼠标右键，在弹出的命令选单中展开"效果"命令菜单，也可以选择特效并添加到当前素材图层上。

　　6　在"效果和预设"面板中展开特效文件夹，双击特效命令，即可将其添加到当前所选的素材图层上。或者直接将其拖动到时间轴窗口或合成窗口中需要添加特效的图层或素材上，也可以完成特效的添加，如图 2-45 所示。

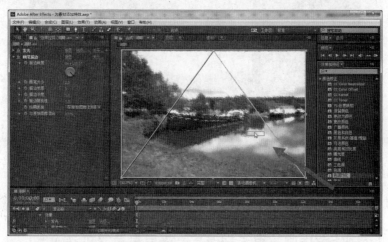

图 2-45 从"效果和预设"面板中为素材图层添加特效

　　7　在"效果控件"面板或时间轴窗口的图层属性编辑区域中，单击特效名称前面的三角形按钮，可以展开或折叠该特效的参数选项。通过特效开关图标 *fx*，即可关闭或打开对该特效的应用状态，可以方便用户对比应用特效前后的效果差异，如图 2-46 所示。

　　8　在"效果控件"面板中添加了多个特效时，程序将根据从上到下的顺序为素材图层进行特效处理。使用鼠标按住并拖动特效的上下位置，素材图层上生成的效果也将发生对应的改变，如图 2-47 所示。

　　9　对于素材图层上不再需要的特效，可以在"效果控件"面板或时间轴窗口中选择需要删除的特效名称，然后按 Delete（删除）键或执行"编辑→清除"命令删除。

　　10　如果需要一次删除图层上的全部特效，只需要在时间轴窗口或合成窗口中选择需要删除特效的图层，然后执行"效果→全部移除"命令即可。

图 2-46　关闭特效的应用

图 2-47　调整特效的应用顺序

2.2　项目应用

2.2.1　项目 1　制作游玩照片电子相册——来自星星的机器人

素材目录	光盘\实例文件\第 2 章\项目 2.2.1\Media\
项目文件	光盘\实例文件\第 2 章\项目 2.2.1\Complete\来自星星的机器人.aep
输出文件	光盘\实例文件\第 2 章\项目 2.2.1\Export\来自星星的机器人.flv
操作点拨	(1) 预先计算好图像素材的数量和准备设置的过渡重叠时间，以在创建合成时设置刚好合适的时间长度，然后在首选项参数中修改静态素材的默认持续时间，为导入的图像素材统一加入到合成中的显示时间长度 (2) 对图层应用序列化处理，得到时间轴窗口中的图像图层从上到下依次重叠 1 秒并交叉淡化的过渡衔接效果 (3) 导入音频素材并加入到合成的时间轴窗口中，作为电子相册的背景音乐 (4) 将编辑完成的序列添加到渲染队列中，设置合适的输出参数渲染影片

本实例的最终完成效果如图 2-48 所示。

图 2-48 实例完成效果

1 执行"文件→导入→文件"命令或者按"Ctrl+I"键，打开"导入文件"对话框，选择本实例素材目录下的所有图像文件，然后单击"导入"按钮，将它们导入到项目窗口中，如图 2-49 所示。

图 2-49 导入图像素材

2 按"Ctrl+S"键，在打开的"保存为"对话框中为项目文件命名并保存到电脑中指定的目录，如图 2-50 所示。

3 执行"合成→新建合成"命令或按"Ctrl+N"键，打开"合成设置"对话框，为新建的合成命名，选择"预设"为 PAL DV，设置持续时间为 0:02:00:00（即 2 分钟），然后单击"确定"按钮，如图 2-51 所示。

图 2-50 保存项目文件　　　　　　　图 2-51 设置合成属性

4 本实例准备了 20 张处理好的照片文件，将在所有图像素材的切换之间设置 1 秒的过渡效果，所以需要为每张图片安排 7 秒的显示时间。执行 "编辑→首选项→导入"命令，在"静止素材"选项中将图像素材的默认持续时间修改为 0:00:07:00，然后单击"确定"按钮，如图 2-52 所示。

图 2-52　修改静止素材的默认持续时间

5 在项目窗口中按素材名称序号从上到下选择所有导入的图像素材，将它们拖入时间轴窗口中，然后从上向下选择所有图层，如图 2-53 所示。

6 执行"动画→关键帧辅助→序列图层"命令，在弹出的"序列图层"对话框中，勾选"重叠"选项并设置持续时间为 1 秒，在下面的"过渡"下拉列表中选择"溶解前景图层"选项，这样可以使序列化的图层之间形成 1 秒的重叠，并在重叠范围内使上面的图层逐渐溶解，显现出下面的图层内容，如图 2-54 所示。

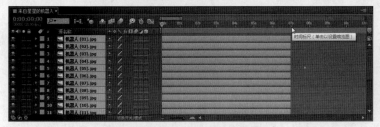

图 2-53　将素材加入到时间轴窗口中

图 2-54　设置图层重叠的
过渡效果

7 单击"确定"按钮，应用对所选图层的序列化处理，即可看见时间轴窗口中图层依次末尾重叠排列的效果，如图 2-55 所示。

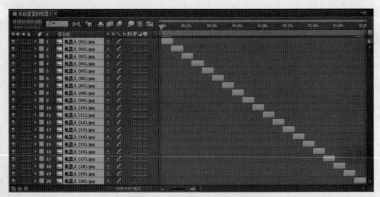

图 2-55　图层序列排列效果

8 拖动时间轴窗口中的时间指针或按空格键，在合成窗口中预览播放编辑好的影片效果。

9　为影片添加背景音乐。按"Ctrl+I"键打开"导入文件"对话框，选择本实例素材文件夹中准备的 music.wav 音频文件，将其导入到项目窗口中，如图 2-56 所示。

图 2-56　导入音频素材

10　在时间轴窗口中将时间指针移动到开始位置，在项目窗口中选择导入的音频文件，将其加入到时间轴窗口中图层编辑区域的最上图层，成为图层 1，如图 2-57 所示。

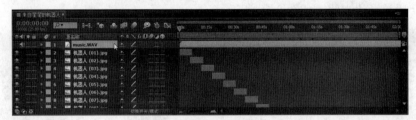

图 2-57　导入音频素材

> **提示**
>
> 拖动时间指针或按下空格键执行的播放是不能预览音频内容的，如果需要预览合成中的声音效果，可以按"预览"面板中的"RAM 预览"按钮，通过执行内存预览来完成。

11　按"Ctrl+S"键，保存编辑完成的工作。

12　在项目窗口中选择编辑完成的合成，执行"合成→添加到渲染队列"命令，或者按"Ctrl+M"键将编辑好的合成添加到渲染队列中。单击"输出模块"选项后面的"无损"文字按钮，在打开的"输出模块设置"对话框中，保持"格式"选项为 AVI，单击"格式选项"按钮，在弹出的"AVI 选项"对话框中，设置"视频编码器"为 DV PAL。单击"确定"按钮回到"输出模块设置"对话框，如图 2-58 所示。

13　保持其他默认的选项，单击"确定"按钮，回到"渲染队列"窗口中。单击"输出到"后面的文字按钮，打开"将影片输出到"对话框，为将要渲染生成的影片指定保存目录和文件名，如图 2-59 所示。

14　回到"渲染队列"窗口中，单击"渲染"按钮，开始执行渲染。

> **提示**
>
> 在执行渲染时，按 Caps Lock 键，可以在执行渲染的同时，停止程序在合成窗口中对渲染结果的即时更新显示，减少系统资源占用，加快渲染速度。

图 2-58 设置影片输出参数

15 渲染完成后，After Effects CC 将播放提示音，打开影片的输出保存目录，使用 Windows Media Player 播放影片文件，如图 2-60 所示。

图 2-59 设置保存目录和文件名　　　　图 2-60 在 Media Player 中观看影片

2.2.2 项目2 快慢变速与镜头倒放特效——哗啦啦的骨牌

素材目录	光盘\实例文件\第 2 章\项目 2.2.2\Media\
项目文件	光盘\实例文件\第 2 章\项目 2.2.2\Complete\哗啦啦的骨牌.aep
输出文件	光盘\实例文件\第 2 章\项目 2.2.2\Export\哗啦啦的骨牌.flv
操作点拨	(1) 直接将导入的视频素材加入到空白的时间轴窗口中，快速创建具有相同视频属性的合成，以得到与视频素材在画面尺寸、帧速率等的最佳匹配 (2) 学会利用在选择图层后单击 O 键、U 键来快速定位时间指针的位置后，再添加新的素材图层，以快速完成新加入图层的时间位置的对齐与衔接 (3) 通过对视频素材图层进行持续时间的伸缩调整，得到需要的快镜头、慢镜头播放效果 (4) 对视频素材图层应用"时间反向图层"命令，得到在合成中的倒放特效 (5) 将文字图像素材直接加入合成窗口中需要的位置，为加入时间轴窗口中的音频素材调整播放音量 (6) 调整合成的工作区域到视频画面的结束位置，将编辑完成的序列添加到渲染队列中，设置合适的输出参数渲染影片

本实例的最终完成效果如图 2-61 所示。

图 2-61　实例完成效果

1　执行"文件→导入→文件"命令或者按"Ctrl+I"键，打开"导入文件"对话框，选择本实例素材目录下的所有素材文件，然后单击"导入"按钮，将它们以"素材"的方式导入到项目窗口中，如图 2-62 所示。

图 2-62　导入素材文件

2　选择项目窗口中的视频素材"多米诺.avi"并直接拖入空白的时间轴窗口中，以该素材文件的视频属性创建合成，如图 2-63 所示。

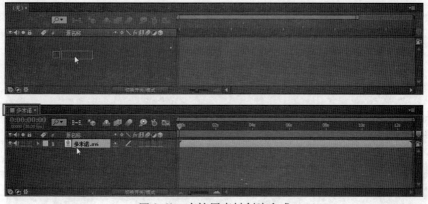

图 2-63　直接用素材创建合成

3　按"Ctrl+K"键打开"合成设置"对话框，将合成的持续时间先暂时修改为 50 秒，然后单击"确定"按钮，如图 2-64 所示。

4　在时间轴窗口中选择图层 1 中的素材并按 O 键，将时间指针定位到素材的出点位置。选择项目窗口中的视频素材并拖入时间轴窗口的图层列表中，使其恰好从上一图层的出点开始衔接播放，如图 2-65 所示。

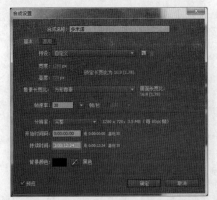

图 2-64 修改合成的持续时间

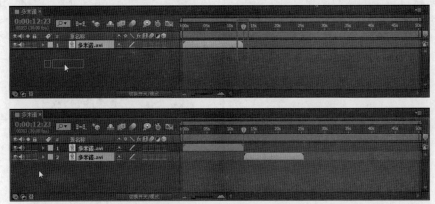

图 2-65 利用定位时间指针到图层出点来确定新图层的开始位置

5 单击时间轴窗口下面的"展开或折叠入点/出点/持续时间/伸缩窗格" 按钮，在展开的持续时间面板中，将图层 2 中视频素材的持续时间缩短到 6 秒，得到视频加快速度播放的效果，如图 2-66 所示。

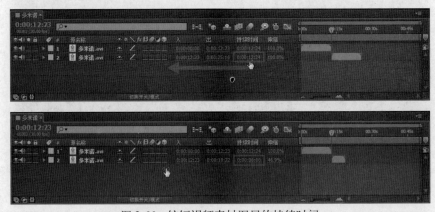

图 2-66 缩短视频素材图层的持续时间

6 选择图层 2 并按 O 键，将时间指针定位到素材的出点位置。选择项目窗口中的视频素材并拖入时间轴窗口的图层列表中，使其恰好从上一图层的出点开始衔接播放。

7 拖动时间指针，将合成窗口中的画面调整到第三段视频素材中小男孩即将推倒骨牌的时间位置（0:00:24:15），如图 2-67 所示。

图 2-67 参考视频画面调整时间指针的位置

8 在时间轴窗口中拖动图层 3 的入点时间位置到与合成窗口中对应的位置，如图 2-68 所示。

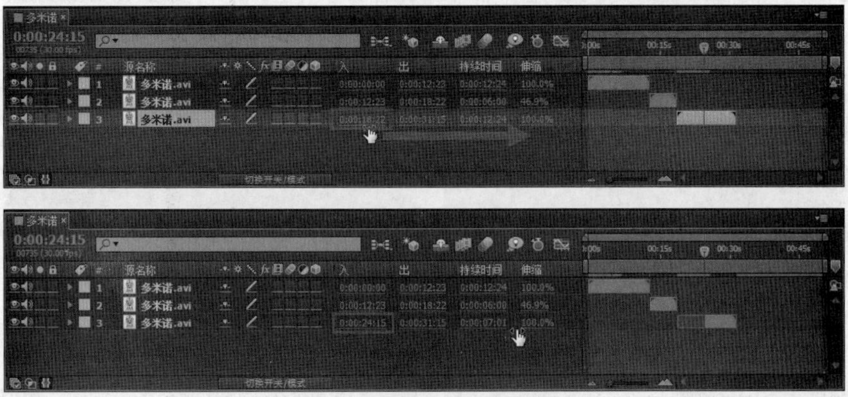

图 2-68 调整图层的入点位置

9 将修剪后的图层 3 素材向前移动，使其播放入点与图层 2 的出点对齐，如图 2-69 所示。

图 2-69 移动素材的时间位置

10 将修剪后的图层 3 的素材播放持续时间延长到 16 秒，得到视频慢速度播放的效果，如图 2-70 所示。

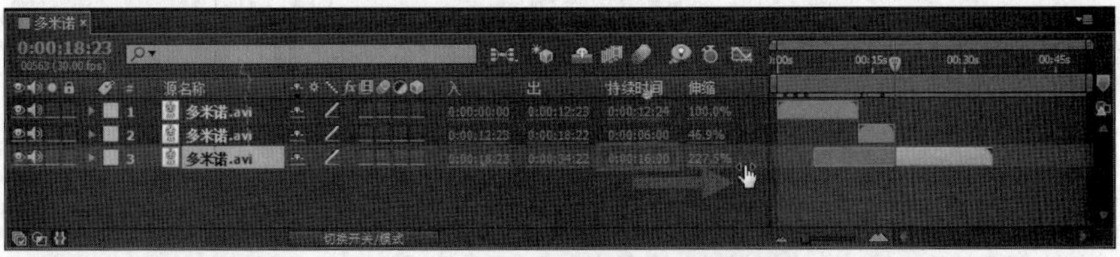

图 2-70 延长素材的播放持续时间

11 选择图层 3 并按 O 键，将时间指针定位到素材的出点位置。选择项目窗口中的视频素材并拖入时间轴窗口的图层列表中，使其恰好从上一图层的出点开始衔接播放。

12 选择图层 4 并执行"图层→时间→时间反向图层"命令，将图层 4 中视频素材设置为反向播放，如图 2-71 所示。

图 2-71　为视频素材应用反向播放

13 将时间指针移动到时间轴窗口的开始位置，选择项目窗口中的 PSD 素材并拖入合成窗口中画面的右上角，作为影片的标题文字，如图 2-72 所示。

图 2-72　加入文字图像素材

14 选择项目窗口中的音频素材并拖入时间轴窗口中，作为影片的背景音乐。

15 在时间轴窗口中单击新加入音频素材图层名称前面的三角形图标，展开该图层的属性选项，将"音频电平"选项的数值修改为"-20 dB"，降低音频素材在播放时的音量，如图 2-73 所示。

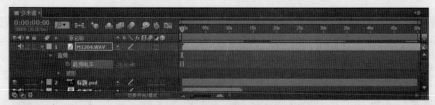

图 2-73　降低音频素材的播放音量

16 在时间轴窗口中将时间指针定位到最下层图层的出点位置，然后拖动时间标尺末尾的"工作区域结尾"图标到与时间指针的位置对齐，将合成的有效工作区域调整到与视频画面的结束位置对齐，如图 2-74 所示。

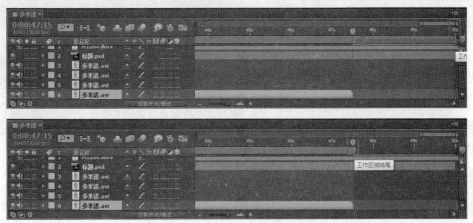

图 2-74　调整工作区域的结束位置

17　按"Ctrl+S"键，保存编辑完成的工作。

18　在项目窗口中选择编辑完成的合成，执行"合成→添加到渲染队列"命令或按"Ctrl+M"键，将编辑好的合成添加到渲染队列中。单击"渲染设置"选项后面的文字按钮，在弹出对话框的"时间采样"选项中，设置"时间跨度"选项为"仅工作区域"，然后单击"确定"按钮，如图 2-75 所示。

19　单击"输出模块"选项后面的文字按钮，在弹出对话框的"格式"下拉列表中选择 FLV，设置以 FLV 视频格式输出影片。单击"确定"按钮回到"渲染队列"面板，如图 2-76 所示。

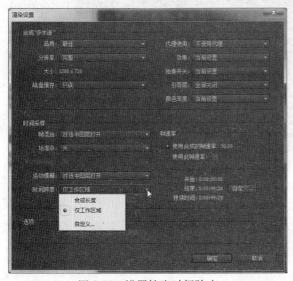

图 2-75　设置输出时间跨度

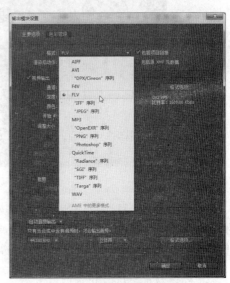

图 2-76　设置输出视频格式

20　在"渲染队列"面板中单击"输出到"后面的文字按钮，打开"将影片输出到"对话框，为将要渲染生成的影片指定保存目录和文件名，如图 2-77 所示。

21　回到"渲染队列"窗口中，单击"渲染"按钮，开始执行渲染。渲染完成后，打开影片的输出保存目录，使用 Windows Media Player 播放影片文件，如图 2-78 所示。

图 2-77 设置保存目录和文件名　　　　　　　图 2-78　在 Media Player 中观看影片

2.3 练习题

1. 编辑 PSD 素材的原始文件

在 After Effects CC 中导入使用 Photoshop 编辑好的分层图像文件时，可以随时根据需要启动 Photoshop，对该 PSD 素材的原始图像内容继续编辑修改并执行保存后，After Effects CC 将自动对修改后的图像进行更新。

1 选择本书配套光盘中实例文件\第 2 章\练习 2.3.1\Media 目录下准备的"西雅图.psd"，以任意方式导入到 After Effects 中。在项目窗口中双击导入的素材，可以在素材预览窗口中查看其图像内容，如图 2-79 所示。

图 2-79　导入 PSD 素材并预览图像

2 选择项目窗口中的 PSD 素材，执行"编辑→编辑原稿"命令，即可启动电脑中安装的 Photoshop 程序并打开该 PSD 素材的原始文件，对其图像内容进行修改后，执行保存并退出，即可在 After Effects 中更新修改后的该素材，如图 2-80 所示。

2. 对视频素材进行精确的修剪

在项目窗口中双击导入的视频素材，可以在素材预览窗口中打开该素材。利用预览窗口中提供的编辑工具，可以对视频素材的内容进行精细持续时间的修剪，并以需要的方式加入到合成序列的时间轴窗口中。

1 在 After Effects 中新建一个 PAL 制式的合成，然后导入本书配套光盘中实例文件\第 2 章\练习 2.3.2\Media 目录下准备的视频素材。

图 2-80　编辑 PSD 素材的原始图像

　　2　在项目窗口中双击导入的素材，在素材预览窗口中查看其图像内容，可以通过拖动时间指针或按下空格键，对这个视频素材中玻璃罐落下摔碎的慢镜头动画进行预览播放。

　　3　拖动时间指针到玻璃罐即将触及地面时的位置（0:00:08:00），然后单击"将入点设置为当前时间"按钮，修剪出视频素材加入到合成前的入点，如图 2-81 所示。

　　4　拖动时间指针到玻璃罐完全破碎后的位置（0:00:15:10），然后单击"将出点设置为当前时间"按钮，修剪出视频素材加入到合成前的出点，如图 2-82 所示。

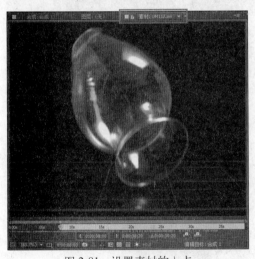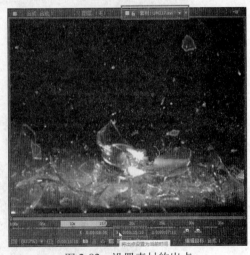

图 2-81　设置素材的入点　　　　　　　　　　图 2-82　设置素材的出点

　　5　单击"波纹插入编辑"按钮或"叠加编辑"按钮，即可将修剪好内容片断的视频素材加入到当前工作合成中。

- （波纹插入编辑）：将素材插入到当前时间轴窗口中的最上层，并且从时间指针停靠的位置开始，其下所有的图层都将从插入点被分割开并分别在上下两个相邻图层中自动修剪衔接，如图 2-83 所示。

- （叠加编辑）：将素材插入到当前时间轴窗口中的最上层，并且从时间指针停靠的位置开始，时间轴窗口中原有的素材不受影响，如图 2-84 所示。

　　6　双击时间轴窗口中的视频素材图层，可以在图层编辑窗口中单独打开该素材，同样可以进行持续时间的修剪编辑，同时在时间轴窗口中将自动更新修剪后的持续时间，如图 2-85 所示。

图 2-83　波纹插入编辑

图 2-84　叠加编辑

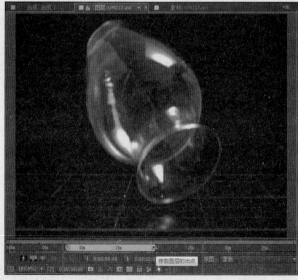

图 2-85　在图层编辑窗口中修剪图层的持续时间

第 3 章　创建图层

本章重点

- ➢ 创建和编辑文本图层
- ➢ 创建和编辑纯色图层
- ➢ 创建和编辑矢量形状图层
- ➢ 创建和编辑调整图层
- ➢ 创建 Photoshop 文件图层
- ➢ 设置图层的样式效果
- ➢ 设置图层的混合模式
- ➢ 设置图层的轨道遮罩
- ➢ 父子关系图层的设置
- ➢ 利用纯色图层编辑变色特效——花色
- ➢ 绘制形状图层并应用轨道遮罩——佳片有约

3.1　编辑技能实例训练

3.1.1　实例 1　创建和编辑文本图层

素材目录	光盘\实例文件\第 3 章\案例 3.1.1\Media\
项目文件	光盘\实例文件\第 3 章\案例 3.1.1\Complete\创建和编辑文本图层.aep
案例要点	文字是影片基本内容之一，既可以作为画面信息的表现，也可以美化影片内容。通过执行"图层→新建→文本"命令或使用文本工具创建文本图层并输入需要的文字内容后，可以通过"字符"面板对文字的属性进行设置。通过"段落"面板，可以对段落文本进行排列对齐、缩进等的格式化设置

1　在项目窗口的空白区域双击鼠标左键，打开"导入文件"对话框，选择本实例素材目录下准备的素材文件并导入。

2　单击项目窗口下面的"新建合成" 按钮，新建一个视频制式为"NTSC DV"，设置持续时间为 20 秒的合成。

3　将项目窗口中的素材文件加入到时间轴窗口中，然后执行"图层→新建→文本"命令，在时间轴窗口中新建一个文本图层，如图 3-1 所示。

4　程序将自动切换到"横排文字工具"选择状态，并在合成窗口的中心显示新建文本图层的文字输入光标，输入文本内容后，在"字符"面板中设置字体、字号、填充色等属性效果，然后将文本对象移动到画面中合适的位置，如图 3-2 所示。

5　在工具栏中选择"直排文字工具" ，在合成窗口中上一文字的下方单击鼠标左键，

确定文字输入位置并输入新的文字内容，同样通过"字符"面板设置文字属性，完成效果如图 3-3 所示。

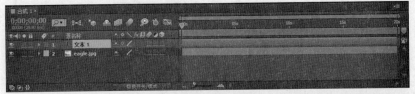

图 3-1 新建的文本图层

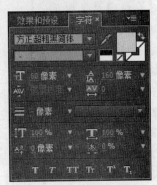

图 3-2 输入文字并设置字体属性

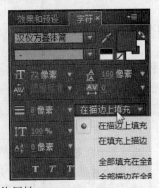

图 3-3 输入文字并设置字体属性

3.1.2 实例 2 创建和编辑纯色图层

素材目录	光盘\实例文件\第 3 章\案例 3.1.2\Media\
项目文件	光盘\实例文件\第 3 章\案例 3.1.2\Complete\创建和编辑纯色图层.aep
案例要点	纯色图层是可以在 After Effects 中直接新建的单一色彩填充素材，并可以随时根据需要对其颜色和尺寸进行修改，常用于为影片安排背景色或进行绘画造型，也可以通过设置图层透明度来编辑颜色叠加效果

1 在项目窗口的空白区域双击鼠标左键，打开"导入文件"对话框，选择本实例素材目录下准备的素材文件并导入。

2 单击项目窗口下面的"新建合成"按钮，新建一个视频制式为"NTSC DV"，设置持续时间为 20 秒的合成。

3 将项目窗口中的素材文件加入到时间轴窗口中，然后执行"图层→新建→纯色"命令，在打开的"纯色设置"对话框中，可以为新建纯色素材设置名称、尺寸大小、像素长宽比等属性，如图 3-4 所示。

4 单击"颜色"选项中的色块，可以在弹出的拾色器窗口中设置图层的颜色，如图 3-5 所示。也可以单击色块后面的吸管按钮，在鼠标光标改变形状后，在操作界面上的任意位置单击，吸取需要的填充颜色。

图 3-4 "纯色设置"对话框

图 3-5 在拾色器窗口中设置填充色

5 设置好填充色后，在"纯色设置"对话框中单击"确定"按钮，即可在时间轴窗口中的顶部创建出该纯色图层，如图 3-6 所示。

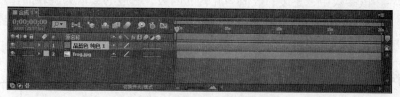
图 3-6 新建的纯色图层

6 合成窗口中将显示新建纯色图层的图像效果。同时，在项目窗口中也将自动新建一个纯色素材文件夹，存放所有在当前项目中新建的固态素材，如图 3-7 所示。

图 3-7 合成窗口和项目窗口中的纯色素材

7 在时间轴窗口中展开纯色图层的图层选项，单击"变换"选项前面的三角形按钮，然后在展开的选项中，将"不透明度"选项的数值修改为 60%，即得到在下层图像上叠加纯色覆盖的效果，如图 3-8 所示。

图 3-8　设置图层不透明度

- 锚点：定义图层缩放与旋转的中心，默认位于图层的水平和垂直方向的中心，由水平方向和垂直方向的两个参数定位。可以通过用鼠标拖动、输入数值，或双击素材图层，在打开的图层预览窗口中按住并拖动锚点来改变其位置。
- 位置：显示了图层的轴心点在当前合成窗口中相对于坐标原点（左上角顶点）的位置。可以通过调整水平或垂直参数数值，或直接在合成窗口中将图层对象按住并拖动到需要的位置。
- 缩放：显示了当前图层的大小百分比。在调整缩放参数时，默认为水平和垂直方向同时缩放。单击参数数值前面的"约束比例"　开关将其关闭，可以单独调整水平或垂直方向上的缩放大小。
- 旋转：在该参数中，左边的数值为旋转的圈数，右边的数值为旋转的角度，都可以通过输入数值或用鼠标调整数值来设置图层的旋转。在工具栏中选择"旋转工具"　，即可在合成中按住并旋转图层图像。

提示

　　"变换"选项中的参数为图层的基本显示属性选项。在调整过一些参数后，单击"变换"后面的"重置"文字按钮，可以将"变换"选项的所有数值恢复为默认的初始值。

8　选择时间轴窗口中的纯色图层或项目窗口中的纯色素材，然后执行"图层→纯色设置"命令，可以在打开的对话框中对该纯色素材进行修改，如设置新的填充色，然后单击"确定"按钮进行应用，即可自动更新该素材在合成中的颜色，如图 3-9 所示。

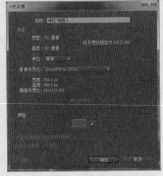

图 3-9　修改纯色素材的填充色

提示

项目窗口中的纯色素材在被多次添加到合成中后，选择项目窗口中的纯色素材并执行修改，则合成中所有应用该素材生成的图层都将自动更新。选择合成中的一个纯色图层进行修改后，将只修改该图层的填充色（或其他属性），同时在项目窗口中将自动创建修改后的纯色素材。

3.1.3 实例 3 创建和编辑矢量形状图层

素材目录	光盘\实例文件\第 3 章\案例 3.1.3\Media\
项目文件	光盘\实例文件\第 3 章\案例 3.1.3\Complete\创建和编辑矢量形状图层.aep
案例要点	形状图层是专门用于绘制自定义矢量图形的图层，可以被自由缩放、变形并保持清晰的图形效果。创建出矢量图层后，可以在工具栏中选择工具进行图像的绘制和编辑操作

1 单击项目窗口下面的"新建合成"▣按钮或按"Ctrl+N"键，新建一个视频制式为"NTSC DV"，设置持续时间为 20 秒的合成。

2 在时间轴窗口中的空白处单击鼠标右键并选择"新建→形状图层"命令，新建出一个形状图层，如图 3-10 所示。

图 3-10 新建的形状图层

3 程序将自动切换到"矩形工具"的选择状态，并在合成窗口的中心显示新建形状图层的锚点中心。在合成窗口中按下鼠标左键并拖动，绘制出一个矩形，如图 3-11 所示。

4 默认情况下，程序将使用上一次调色操作时设置的颜色对绘制的矢量形状进行填充。单击工具栏上"填充"后面的色块，可以在弹出的拾色器窗口中为绘制的形状修改填充色，如图 3-12 所示。

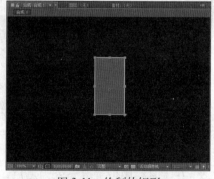

图 3-11 绘制的矩形

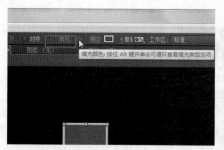

图 3-12 修改填充色

5　单击工具栏上"描边"后面的色块，可以在弹出的拾色器窗口中为绘制的形状修改描边轮廓色。直接单击"描边"文字按钮，在弹出的"描边"选项对话框中，可以为形状的描边轮廓设置填充样式，如纯色█、线性渐变█、径向渐变█等；单击"无"按钮，可以取消形状的轮廓描边，如图 3-13 所示。

图 3-13　取消形状描边

6　在工具栏中选择"钢笔"工具█，可以在合成窗口中绘制自由形状的图形。绘制好形状后，将鼠标移动到绘制的第一个路径点上并单击，即可得到封闭的形状，如图 3-14 所示。

图 3-14　使用"钢笔"工具绘制形状

7　将鼠标移动到绘制的路径点上，在鼠标光标变成箭头形状后按住并拖动路径点，可以通过移动路径点的位置来调整图形的形状，如图 3-15 所示。

图 3-15　调整路径形状

8　在工具栏中设置填充色为黑色，使用"钢笔"绘制如图 3-16 所示的门的形状，完成画面中所有图形的绘制，并调整好图形的位置。

图 3-16　调整图形位置

9 使用绘图工具绘制完成的图形，将在时间轴窗口中生成对应的图层，如图3-17所示。

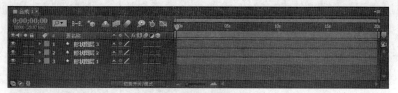

图 3-17　矢量形状图层

3.1.4　实例 4　创建和编辑调整图层

素材目录	光盘\实例文件\第 3 章\案例 3.1.4\Media\
项目文件	光盘\实例文件\第 3 章\案例 3.1.4\Complete\创建和编辑调整图层.aep
案例要点	为单个图层应用特效，只能影响该图层。调整图层是 After Effects 中特殊的功能图层，自身并没有图像内容，其功能相当于一个特效透镜，可以同时对位于其图像范围下层的所有图层应用添加在调整图层上的所有特效，可以快速完成对多个图层的统一的特效设置

1 在项目窗口的空白区域双击鼠标左键，打开"导入文件"对话框，选择本实例素材目录下准备的视频素材文件并导入。

2 将项目窗口中的视频素材直接拖入空白的时间轴窗口中，应用其视频属性创建合成。

3 在工具栏中选择"横排文字工具"　，然后在合成窗口中输入文字，通过"字符"面板设置文字的字体、字号、填充色等属性，如图3-18所示。

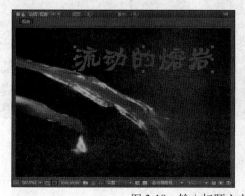

图 3-18　输入标题文字

4 执行"图层→新建→调整图层"命令，在时间轴窗口的顶部创建一个调整图层，如图3-19所示。

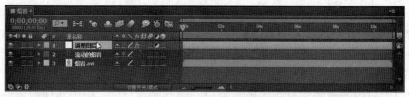

图 3-19　创建调整图层

5 在新增的调整图层上单击鼠标右键并选择"效果→颜色校正→颜色平衡（HLS）"命令，为调整图层添加该特效。

6 打开"效果控件"面板并显示出新增特效的选项参数，拖动"色相"选项后面的数值，为调整图层应用色彩调整，即可在合成窗口中查看到其下的文字图层和视频素材图层都同时发生了色彩的改变，如图 3-20 所示。

 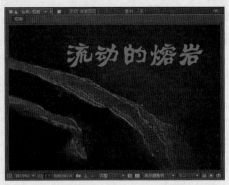

图 3-20   为调整图层应用颜色变化效果

7 选择时间轴窗口中的调整图层，在合成窗口中按住并向下拖动图层顶边的控制点，适当缩小图层的高度，即可在合成窗口中查看到调整图层范围以内和以外图像的效果对比，如图 3-21 所示。

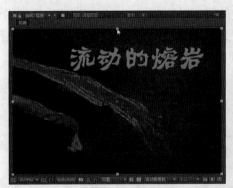 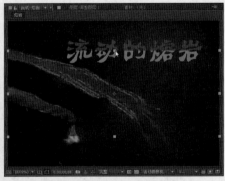

图 3-21   在合成窗口中修改图层的高度

3.1.5   实例 5   创建 Photoshop 文件图层

素材目录	光盘\实例文件\第 3 章\案例 3.1.5\Media\
项目文件	光盘\实例文件\第 3 章\案例 3.1.5\Complete\创建 Photoshop 文件图层.aep
案例要点	在 After Effects CC 中还可以直接创建 Photoshop 文件，并即时打开 Photoshop 进行编辑，利用 Photoshop 在图像处理方面的强大功能制作出漂亮的图像效果。快速应用到 After Effects 中

1 在项目窗口的空白区域双击鼠标左键，打开"导入文件"对话框，选择本实例素材目录下准备的视频素材文件并导入。

2 将项目窗口中的视频素材直接拖入空白的时间轴窗口中，应用其视频属性创建合成。

3 在时间轴窗口中的空白处单击鼠标右键并选择"新建→Adobe Photoshop 文件"，在打开的"另存为"对话框中，为新建的 Photoshop 文件设置保存目录和文件名称，然后单击"保存"按钮，如图 3-22 所示。

图 3-22　新建 Photoshop 文件

4　系统将自动启动 Photoshop，并创建一个和合成项目相同尺寸的透明背景图像文件。选择文字工具并输入文字内容，编辑好文字的字体和样式效果，如图 3-23 所示。

图 3-23　编辑标题文字

5　执行保存并退出 Photoshop，回到 After Effects 中，即可看见刚才在 Photoshop 中编辑的图像文件已经自动加入当前合成中，如图 3-24 所示。

图 3-24　新建的 Photoshop 文件图层

提示

　　如果新建的 Photoshop 图像没有在合成中显示出来，可以在项目窗口中右键单击创建的 Photoshop 文件素材，在弹出的菜单中选择"重新加载素材"命令，即可更新该素材文件的显示。

3.1.6 实例6 设置图层的样式效果

素材目录	光盘\实例文件\第3章\案例3.1.6\Media\
项目文件	光盘\实例文件\第3章\案例3.1.6\Complete\设置图层的样式效果.aep
案例要点	在 After Effects CC 中，可以为图层对象应用一些与 Photoshop 中相同的图层样式效果，常用在文字对象或形状图像上，可以快速地为影片画面增加美观的视觉效果

1 在项目窗口的空白区域双击鼠标左键，打开"导入文件"对话框，选择本实例素材目录下准备的素材文件并导入。

2 在项目窗口中选择导入的视频素材并拖入时间轴窗口中，以该视频素材的属性创建一个合成，然后将导入的音频素材加入时间轴窗口中，作为合成的背景音乐，如图 3-25 所示。

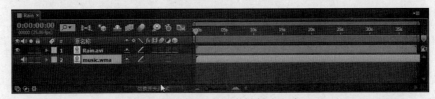

图 3-25　使用图像素材创建合成

3 在工具栏中选择"横排文字工具"，在合成窗口中需要的位置单击鼠标左键，输入文字内容，然后通过字符面板设置文字的字号、字体、颜色等属性，如图 3-26 所示。

图 3-26　输入文字

4 选择文字图层，执行"图层→图层样式"命令，在弹出的菜单中，为当前选择的文本图层应用对应的图层样式效果，如图 3-27 所示。

- 全部显示：执行该命令，在时间轴窗口中同时显示所有样式效果，只需打开图层样式的显示开关，即可应用并设置该图层样式效果，如图 3-28 所示。
- 全部移除：执行该命令，可以移除所有应用在图层上的样式效果。
- 投影：沿对象外边缘向下层指定角度产生投影效果，可以在时间轴窗口中通过相关参数，设置投影的具体效果，如图 3-29 所示。
- 内阴影：沿对象内边缘向内部指定角度产生投影效果，同样可以在时间轴窗口中通过设置相关参数，编辑出多样的内阴影效果，如图 3-30 所示。

图 3-27　图层样式命令

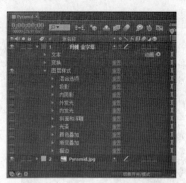

图 3-28　显示全部图层样式

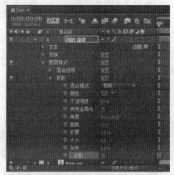

图 3-29　投影效果

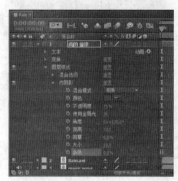

图 3-30　内阴影效果

- 外发光：沿对象边缘向外产生发光效果，如图 3-31 所示。
- 内发光：沿对象边缘向内产生发光效果，如图 3-32 所示。

图 3-31　外发光效果

图 3-32　内发光效果

● 斜面和浮雕：沿对象边缘向内或向外产生斜面或浮雕的立体效果，如图 3-33 所示。

● 光泽：在图像范围内部产生类似色光照射的光泽效果，如图 3-34 所示。

图 3-33　斜角和浮雕效果

图 3-34　光泽效果

● 颜色叠加：在图像范围上叠加上新的色彩，并可以设置颜色叠加的不透明度，如图 3-35 所示。

● 描边：在图像边缘生成颜色笔触的描边效果，如图 3-36 所示。

图 3-35　颜色叠加效果

图 3-36　描边效果

● 渐变叠加：在图像范围上叠加上新的渐变色彩，并可以设置颜色渐变的不透明度、渐变样式等效果。在时间轴窗口中的图层样式选项中单击"编辑渐变"文字按钮，可以在打开的"渐变编辑器"对话框中设置颜色渐变，如图 3-37 所示。

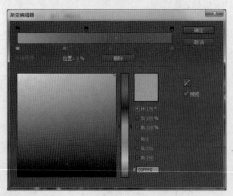

图 3-37　渐变叠加效果

　　5　同时为文字图层应用"投影"、"内阴影"和"渐变叠加"样式并设置合适的效果参数，完成效果如图 3-38 所示。

图 3-38　应用多个图层样式

3.1.7　实例 7　设置图层的混合模式

素材目录	光盘\实例文件\第 3 章\案例 3.1.7\Media\
项目文件	光盘\实例文件\第 3 章\案例 3.1.7\Complete\设置图层的混合模式.aep
案例要点	在 After Effects 中可以对合成中的图层应用混合模式，得到一个图层与其图像范围下面的一个或多个图层的图像以指定的方式进行像素、色彩内容的混合效果

1　在项目窗口的空白区域双击鼠标左键，打开"导入文件"对话框，选择本实例素材目录下准备的所有素材文件并导入。

2　选择导入的视频素材并拖入时间轴窗口中，以该视频素材的属性创建一个合成。

3　在工具栏中选择"横排文字工具"，在合成窗口中需要的位置单击鼠标左键，输入文字内容，然后通过字符面板设置文字的字号、字体、颜色等属性，如图 3-39 所示。

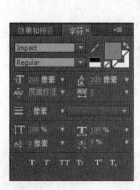

图 3-39　编辑文字

4　选择文字图层后，执行"图层→混合模式"命令，或者在时间轴窗口下方单击按钮，展开"模式"面板，单击图层后面对应的"模式"按钮，在弹出的下拉菜单中选择需要的图层混合模式即可，如图 3-40 所示。

● 正常：默认模式，显示图像原本效果。当不透明度为 100% 时，目前层的显示不受其他层影响。当不透明度小于 100% 时，目前层的每一个像素点的颜色将受其他层的影响。

图 3-40　设置图层混合模式

- 溶解：用下面层的颜色随机以像素点的方式替换层的颜色，是以层的透明度为基础的，需要调整上一层的不透明度属性来决定点分布的密度，如图 3-41 所示。
- 动态抖动溶解：与"溶解"模式类似，随着时间的变化，随机色也会发生相应的变化。
- 变暗：比较下面层与目前层的颜色通道值，显示其中较暗的。该模式只对目前层的某些像素起作用，这些像素比其下面层中的对应像素一般要暗，如图 3-42 所示。
- 相乘：形成一种光线透过两张叠加在一起的幻灯片效果，结果呈现出一种较暗的效果，如图 3-43 所示。

图 3-41　"溶解"模式　　　　　图 3-42　"变暗"模式　　　　　图 3-43　"相乘"模式

- 颜色加深：使目前层中的有关像素变暗，通过增加对比度来反映出下层图层颜色，如图 3-44 所示。
- 经典颜色加深：通过增加对比度使基色变暗以反映混合色，比"颜色加深"模式要好。
- 线性加深：通过减小亮度使基色变暗以反映混合色，与白色混合不产生任何效果。
- 较深的颜色：自动作用于下层通道需要变暗的区域，如图 3-45 所示。
- 相加：将层的颜色值与下面层的颜色值相加，结果颜色要比源颜色亮一些，如图 3-46 所示。
- 变亮：比较下面层与目前层色的通道值，显示其中较亮的。

图 3-44　"颜色加深"模式　　　　图 3-45　"较深的颜色"模式　　　图 3-46　"相加"模式

- 屏幕：加色混合模式，相互反转混合画面颜色，将混合色的补色与基色相乘，呈现出一种较亮的效果。
- 颜色减淡：使目前层中的像素变亮，以通过减小对比度来反映下层图层中像素的颜色，如图 3-47 所示。
- 经典颜色减淡：通过减小对比度使下层图像颜色变亮以反映混合色。
- 线性减淡：用于查看每个通道中的颜色信息，并通过增加亮度使基色变亮以反映混合色，与黑色混合则不发生变化。
- 叠加：在层之间混合颜色，保留加亮区和阴影，以影响层颜色的亮区域和暗区域，如图 3-48 所示。
- 柔光：根据层颜色的不同，变暗或加亮结果色。如果上层图像颜色比 50%灰色浅，则混合结果颜色比下层图像颜色浅；如果上层图像颜色比 50%灰色深，则混合结果颜色比下层图像颜色深，如图 3-49 所示。

图 3-47　"颜色减淡"模式　　　图 3-48　"叠加"模式　　　图 3-49　"柔光"模式

- 强光：根据上层图像的颜色相乘或者屏蔽结果色。它可以制作一种强烈的效果，高亮度的区域将更亮，暗调的区域将更暗，最终的结果使反差更大。
- 线性光：通过减小或增加亮度来加深或减淡颜色，取决于混合色。
- 亮光：自动作用于下层通道下需要加亮的区域，如图 3-50 所示。
- 纯色混合：增加上层蒙版下方可见层的对比度，蒙版的大小决定了对比区域的大小，如图 3-51 所示。
- 差值：在两个图层中，从浅色输入值中减去深色输入值，重叠的深色部分反转为下层的色彩。混合结果取决于当前层和底层像素值的大小，如图 3-52 所示。
- 经典差值：从基色中减去混合色，或从混合色中减去基色。
- 相减：由亮度值决定是从目前层中减去底层色，还是从底层色中减去目标色，其结果比"差值"要柔和些。

图 3-50　"亮光"模式　　　图 3-51　"纯色混合"模式　　　图 3-52　"差值"模式

- 色相：利用 HSL 色彩模式来进行合成，将当前层的色相与下面层的亮度和饱和度混合起来形成特殊的结果，如图 3-53 所示。

- 发光度：与"颜色"模式相反，它将保留目前层的亮度值，用下面层的色调和饱和度进行合成，如图 3-54 所示。

- 饱和度：将目前层中的饱和度与下面层中的饱和度结合起来形成新的效果。
- 颜色：通过下层颜色的亮度和目前层颜色的饱和度、色调创建一种最终的色彩。

图 3-53　"色相"模式

- 模板 Alpha：运用层的 Alpha 通道影响下层所有的 Alpha 通道，如图 3-55 所示。
- 模板亮度：层的较亮像素比较暗像素不透明得多。
- 轮廓 Alpha：运用层的 Alpha 通道建立一个轮廓，如图 3-56 所示。

图 3-54　"发光度"模式　　　图 3-55　"模板 Alpha"模式　　　图 3-56　"轮廓 Alpha"模式

- 冷光预乘：层的较亮像素比较暗像素透明得多。
- Alpha 添加：底层与目标层的 Alpha 通道共同建立一个无痕迹的透明区域。

5 将项目窗口中的图像素材加入时间轴窗口中文字图层的下层，并为其设置一个图层混合模式，可以得到多层图像的像素色彩混合效果，如图 3-57 所示。

图 3-57　设置多层混合效果

3.1.8　实例 8　设置图层的轨道遮罩

素材目录	光盘\实例文件\第 3 章\案例 3.1.8\Media\
项目文件	光盘\实例文件\第 3 章\案例 3.1.8\Complete\设置图层的轨道遮罩.aep
案例要点	轨道遮罩是应用于图层间的特殊处理功能，类似于 Photoshop 中的图层遮罩，可以将一个图层中图像的亮度或 Alpha 通道作为显示区域，应用到下面的图层上。需要注意的是，轨道遮罩只能在下层图层中将与之相邻的上层图层设置为其轨道遮罩，不能向下选择或隔层选择。如果一个图层设置了轨道遮罩，位于其上的图层位置被移动或删除了，将自动应用该位置的新图层作为遮罩层。如果上面已经没有图层，则轨道遮罩设置自动取消

1　在项目窗口的空白区域双击鼠标左键，打开"导入文件"对话框，选择本实例素材目录下准备的所有素材文件并导入。

2　选择导入的视频素材并拖入时间轴窗口中，以该视频素材的属性创建一个合成。

3　在工具栏中选择"横排文字工具" 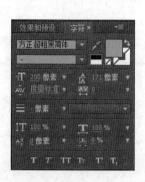，在合成窗口中需要的位置单击鼠标左键，输入文字内容，然后通过字符面板设置文字的字号、字体、颜色等属性，如图 3-58 所示。

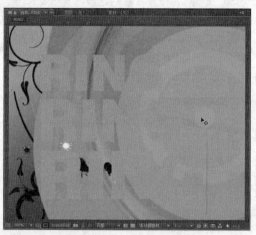

图 3-58　编辑文字

4　在时间轴窗口中单击"切换开关/模式"按钮 ，将效果开关面板切换到"模式"面板。在 TrkMat（即轨道遮罩）栏中单击图层 2 后面的"无"按钮，即可在弹出的下拉列表中选择需要的轨道遮罩设置，如图 3-59 所示。

- 没有轨道遮罩：取消遮罩设置。
- Alpha 遮罩：只有含有 Alpha 通道的素材图层（如文字层、包含 Alpha 通道的 PSD、TIF 等格式的素材），才能被下层图层设置为遮罩，显示出 Alpha 通道的范围，其余部分透明，如图 3-60 所示。如果将不含 Alpha 通道的图层设置为通道遮罩，则以该素材的全部范围作为显示区域。

图 3-59　设置轨道遮罩

图 3-60　设置"Alpha 遮罩"

- Alpha 反转遮罩：效果与"Alpha 遮罩"相反，如图 3-61 所示。
- 亮度遮罩：将遮罩图层中图像内容的亮度值作为遮罩后透明区域的亮度，在遮罩图层中亮度值越高的区域，在背景中透明后越亮。亮度值越低的区域，在背景中透明后越暗，如图 3-62 所示。
- 亮度反转遮罩：效果与"亮度遮罩"相反，如图 3-63 所示。

图 3-61 设置"Alpha 反转遮罩"　　　图 3-62 设置"亮度遮罩"　　　图 3-63 设置"亮度反转遮罩"

3.1.9 实例 9 父子关系图层的设置

素材目录	光盘\实例文件\第 3 章\案例 3.1.9\Media\
项目文件	光盘\实例文件\第 3 章\案例 3.1.9\Complete\父子关系图层的设置.aep
案例要点	应用父子图层功能，可以将父级层上的变换效果附加在子级层上，对父级层所做的编辑处理将同时影响嵌入的子级层，而对子级层进行的操作处理不会影响父级层。这个功能可以很方便地将多个对象组合成一个组，一次即可完成对多个图层内容的编辑处理，可以节省编辑时间，提高工作效率

1　在项目窗口的空白区域双击鼠标左键，打开"导入文件"对话框，选择本实例素材目录下准备的素材文件并导入。

2　单击项目窗口下面的"新建合成" 按钮，新建一个视频制式为"NTSC DV"，设置持续时间为 20 秒的合成。

3　将导入的图像素材加入新建合成的时间轴窗口中，然后在工具栏中选择"横排文字工具" ，在合成窗口中输入文字内容，并通过"字符"面板设置文字的字号、字体、颜色等属性，如图 3-64 所示。

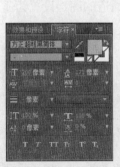

图 3-64 编辑文字

4　在时间轴窗口中的面板名称栏上单击鼠标右键，在弹出的菜单中选择"列数→父级"命令，显示出"父级"面板，如图 3-65 所示。

提示
　　在父子层关系中，只有图层的"变换"属性下的"锚点"、"位置"、"缩放"、"旋转"4 种属性可以被关联，"不透明度"属性不会被连带影响。为对象添加的其他效果（如视频特效），不属于关联的范围。

图 3-65 显示"父级"面板

5 单击图层 1 后面"父级"面板中的下拉按钮,在弹出的下拉列表中为当前层指定父级图层为图层 3,如图 3-66 所示。

6 可以使用拖动的方法建立链接关系:按住图层 2 后面"父级"面板中的 按钮,将其拖动并指向到目标图层的名称上,即可快速为其指定父级图层,如图 3-67 所示。

图 3-66 指定父级图层

图 3-67 链接父子图层

7 在时间轴窗口中展开父级图层的"变换"选项,对其"锚点"、"位置"、"缩放"、"旋转"属性参数进行调整,即可对设置的子级图层产生相同的联动作用,如图 3-68 所示。

图 3-68 修改父级图层变换效果

> **提示**
>
> 对于暂时不再需要显示的面板，可以在该面板名称上单击鼠标右键并选择"隐藏此项"命令，即可将其隐藏，如图 3-69 所示。选择"重命名此项"命令，可以在打开的对话框中为该面板重命名。

图 3-69　隐藏不再需要显示的面板

3.2　项目应用

3.2.1　项目 1　利用纯色图层编辑变色特效——花色

素材目录	光盘\实例文件\第 3 章\项目 3.2.1\Media\
项目文件	光盘\实例文件\第 3 章\项目 3.2.1\Complete\花色.aep
输出文件	光盘\实例文件\第 3 章\项目 3.2.1\Export\.花色.flv
操作点拨	(1) 在时间轴窗口中编排导入的素材，然后新建纯色素材并修剪图层的持续时间 (2) 按下"Ctrl+D"快捷键对纯色图层进行多次复制，然后分别为序列化排列后的多个图层设置不同的图层混合模式，得到第一阶段的影像变色动画 (3) 通过修改纯色图层的填充色，编辑出新的纯色图层并设置合适的图层混合模式，得到第二阶段的影像变色动画 (4) 编辑标题文字并应用图层样式，编辑多色渐变的叠加填充效果

本实例的最终完成效果如图 3-70 所示。

图 3-70　影片完成效果

1 在项目窗口的空白区域双击鼠标左键，打开"导入文件"对话框，选择本实例素材目录下准备的素材文件并导入。

2 选择导入的视频素材并拖入时间轴窗口中，以该视频素材的属性创建一个合成。然后将导入的音频素材加入时间轴窗口中的底层，作为影片的背景音乐，如图 3-71 所示。

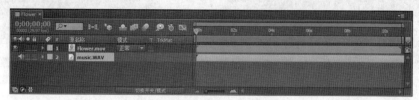

图 3-71 加入素材到合成中

3 将时间指针移动到第 1 秒的位置，然后在时间轴窗口中单击鼠标右键并选择"新建→纯色"命令，在打开的"纯色设置"对话框中，设置新建纯色素材的填充色为洋红色，如图 3-72 所示。

图 3-72 编辑纯色素材

4 单击"确定"按钮，即可在时间轴窗口中创建出该纯色图层。将时间指针移动到第 2 秒的位置，然后双击该图层，在图层窗口中将其打开后，单击窗口下面的"将出点设置为当前时间"按钮，将图层在时间轴窗口中的持续时间修改为 1 秒，如图 3-73 所示。

图 3-73 修改图层的持续时间

5 选择时间轴窗口中的纯色图层，然后连续按 9 次"Ctrl+D"键，对该图层执行 9 次复制，完成效果如图 3-74 所示。

6 从上到下选择所有纯色图层（图层 1~10），然后执行"动画→关键帧辅助→序列图层"命令，在弹出的对话框中勾选"重叠"复选框并设置重叠持续时间为 1 帧，如图 3-75 所示。

图 3-74　复制图层

图 3-75　设置图层序列化

7　在"序列图层"对话框中单击"确定"按钮，应用对所选图层的序列化排列处理，完成后的时间轴窗口如图 3-76 所示。

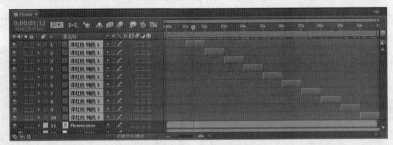

图 3-76　序列化图层

8　单击时间轴窗口下方的"切换开关/模式"按钮 切换开关/模式 ，将效果开关面板切换到"模式"面板，分别为图层 1~5 设置不同的混合模式，得到底层视频素材中的百合花开放过程中改变颜色混合效果的动画，如图 3-77 所示。

图 3-77　设置图层混合模式

9　在时间轴窗口中选择图层 6~10，将它们的图层混合模式全部设置为"柔光"；然后选择图层 6 并执行"图层→纯色设置"命令，打开"纯色设置"对话框，将纯色素材的填充色修改为蓝色，如图 3-78 所示。

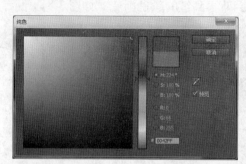

图 3-78 修改纯色素材颜色

10 为图层 7~10 中的纯色素材进行填充色的修改，修改后得到的新纯色素材将自动添加到项目窗口中，完成效果如图 3-79 所示。

图 3-79 修改纯色素材图层的颜色

11 将时间指针移动到开始位置，在工具栏中选择"直排文字工具"，在合成窗口中输入文字内容，并通过"字符"面板设置文字的字号、字体、颜色等属性，如图 3-80 所示。

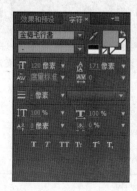

图 3-80 编辑文字

12 在时间轴窗口中的文字图层上单击鼠标右键并选择"图层样式→渐变叠加"命令，然后在展开的图层样式选项中设置"角度"选项为 135°。单击"编辑渐变"文字按钮，在打开的"渐变编辑器"对话框中设置从绿到蓝再到红的颜色渐变，如图 3-81 所示。

图 3-81　编辑渐变填充样式

13 按"Ctrl+S"键，保存编辑完成的工作。

14 在项目窗口中选择编辑完成的合成，执行"合成→添加到渲染队列"命令或按"Ctrl+M"键，将编辑好的合成添加到渲染队列中。单击"输出模块"选项后面的文字按钮，在弹出对话框的"格式"下拉列表中选择 FLV，设置以 FLV 视频格式输出影片。单击"确定"按钮回到"渲染队列"面板，如图 3-82 所示。

15 在"渲染队列"面板中单击"输出到"后面的文字按钮，打开"将影片输出到"对话框，为将要渲染生成的影片指定保存目录和文件名。

16 回到"渲染队列"窗口中，单击"渲染"按钮，开始执行渲染。渲染完成后，打开影片的输出保存目录，使用 Windows Media Player 播放影片文件，如图 3-83 所示。

图 3-82　设置输出视频格式　　　　图 3-83　在 Media Player 中观看影片

3.2.2　项目 2　绘制形状图层并应用轨道遮罩——佳片有约

素材目录	光盘\实例文件\第 3 章\项目 3.2.2\Media\
项目文件	光盘\实例文件\第 3 章\项目 3.2.2\Complete\佳片有约.aep
输出文件	光盘\实例文件\第 3 章\项目 3.2.2\Export\佳片有约.flv

操作点拨	(1) 使用绘图工具绘制矢量形状，使用复制编辑技巧创建形状组，应用轨道遮罩制作镂空图像效果 (2) 修改视频素材图层的图像大小和位置，应用轨道遮罩编辑在指定范围内显示动画内容的效果 (3) 编辑标题文字和信息文字，应用图层样式编辑出美观的文字图像效果

本实例的最终完成效果如图 3-84 所示。

图 3-84　影片完成效果

1　在项目窗口的空白区域双击鼠标左键，打开"导入文件"对话框，选择本实例素材目录下准备的所有素材文件并导入，如图 3-85 所示。

2　单击项目窗口下面的"新建合成" 按钮，新建一个视频制式为"PAL DV "，设置持续时间为 15 秒的合成，如图 3-86 所示。

图 3-85　导入素材

图 3-86　新建合成

3　在时间轴窗口中选择"BG.avi"视频素材，将其加入两次到时间轴窗口中并首尾相连，作为影片的背景画面。然后将导入的音频素材加入时间轴窗口中的底层，作为影片的背景音乐，如图 3-87 所示。

图 3-87　加入素材到合成中

4　将时间指针定位在时间轴的开始位置。在工具栏中选择"矩形工具" ■，在合成窗口中的左侧绘制一个矩形，然后在工具栏中单击"填充"后面的色块，设置其填充色为深棕

色，如图 3-88 所示。

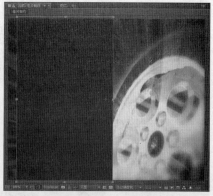

图 3-88　绘制矩形形状

5　在时间轴窗口中的空白处单击鼠标左键，取消对新绘制矩形的选择状态。在工具栏中设置"填充"颜色为白色，继续使用矩形工具在深棕色矩形的左上角绘制一个小方块，如图 3-89 所示。

6　在时间轴窗口中选择"形状图层 2"下面的"矩形 1"子图层并按"Ctrl+D"键，复制出"矩形 2"子图层，然后选择"矩形 2"并按"Shift+↓"键数次，将该矩形在合成窗口中的位置向下移动适当距离，如图 3-90 所示。

7　使用同样的方法，继续复制白色方块并调整适当的距离，得到白色方块从上到下铺满深棕色矩形左边一列的效果，如图 3-91 所示。

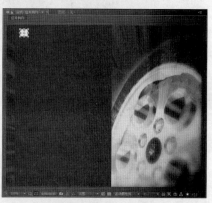

图 3-89　绘制白色方块

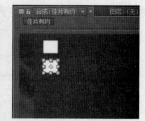

图 3-90　复制矩形形状

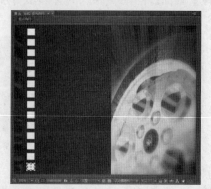

图 3-91　复制并排列图形

8　选择所有矩形子图层并执行"图层→组合形状"命令或按"Ctrl+G"键，将所有的方块矩形组合成一个形状组，然后对其进行 1 次复制并移动到底层深棕色矩形的右边，如图 3-92 所示。

  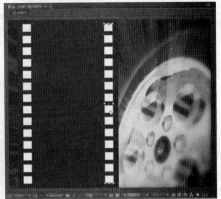

图 3-92　复制并排列图形

9　在时间轴窗口的"模式"面板中，单击"形状图层 1"后面的轨道遮罩下拉按钮，在弹出的下拉列表中选择"Alpha 反转遮罩"，使影片画面中的深棕色矩形与白色方块合成出胶片效果，如图 3-93 所示。

图 3-93　设置反转遮罩

10　在工具栏中选择"圆角矩形工具"，在合成窗口中的深棕色矩形上绘制一个白色的圆角矩形，如图 3-94 所示。

11　在时间轴窗口中选择新绘制的"形状图层 3"并按"Ctrl+D"键，复制出"形状图层 4"并将其向下移动合适的距离，排列在底层深棕色矩形的中间，如图 3-95 所示。

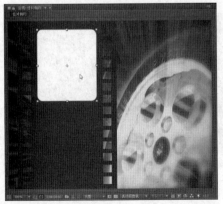 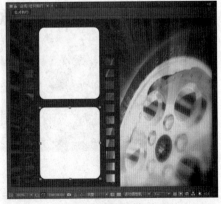

图 3-94　绘制圆角矩形　　　　　　　　图 3-95　复制并排列图形

12　将时间轴窗口中的"Clip A.avi"和"Clip B.avi"视频素材加入时间轴窗口中，按 S

键展开图层的"缩放"选项，将视频素材的画面大小缩小到刚好可以覆盖住绘制的圆角矩形的大小，如图 3-96 所示。

13 在合成窗口中分别移动缩小尺寸后的视频素材到白色圆角矩形上，如图 3-97 所示。

图 3-96　缩小视频图层的尺寸

图 3-97　安排视频素材的位置

14 将两个视频图层分别移动到两个圆角矩形形状图层的下层，然后将它们分别设置为圆角矩形图像的 Alpha 遮罩，得到视频图像只显示出圆角矩形范围内的部分，如图 3-98 所示。

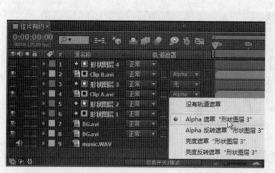

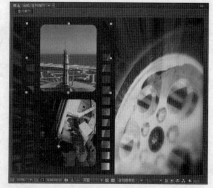

图 3-98　设置 Alpha 遮罩效果

15 在视频素材图层"Clip A"上单击鼠标右键并选择"图层样式→描边"命令，为其设置浅灰色的轮廓描边，如图 3-99 所示。

图 3-99　设置图层描边样式

16 在时间轴窗口中选择视频素材图层"Clip A"的"图层样式"选项并按"Ctrl+C"键进行复制，然后选择图层"Clip B"并按"Ctrl+V"键，为其粘贴应用同样的描边样式，完成效果如图 3-100 所示。

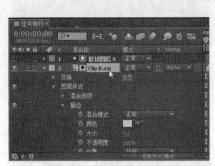
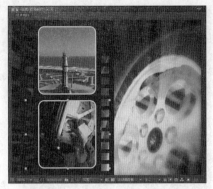

图 3-100　复制应用图层描边样式

17 在工具栏中选择"横排文字工具"，然后在合成窗口中输入文字，通过"字符"面板设置文字的字体、字号、填充色等属性，如图 3-101 所示。

图 3-101　编辑文字

18 在时间轴窗口中的文字图层上单击鼠标右键并选择"图层样式→渐变叠加"命令，然后在展开的图层样式选项中单击"编辑渐变"文字按钮，在打开的"渐变编辑器"对话框中设置从黄到绿再到红的颜色渐变，如图 3-102 所示。

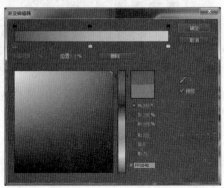

图 3-102　编辑渐变填充样式

19 为文字图层添加"投影"图层样式，设置投影颜色为蓝色，距离为 8，大小为 0，如图 3-103 所示。

20 使用文字工具输入节目信息文字，为其应用投影、渐变叠加、描边等图层效果，并分别设置好样式效果参数，完成效果如图 3-104 所示。

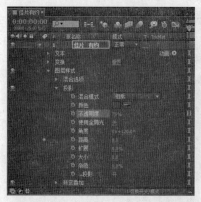

图 3-103　添加投影样式

图 3-104　编辑节目信息文字效果

21 按"Ctrl+S"键，保存编辑完成的工作。

22 在项目窗口中选择编辑完成的合成，执行"合成→添加到渲染队列"命令或按"Ctrl+M"键，将编辑好的合成添加到渲染队列中。设置合适的渲染参数，将合成输出成影片文件，如图 3-105 所示。

图 3-105　在 Media Player 中观看影片

3.3　练习题

1. 用视频素材中的图像设置亮度遮罩

使用具有鲜明亮度对比图像的视频素材（最好是黑白对比）作为亮度遮罩图像，可以编辑出具有动画效果的遮罩特效影片。利用本书配套光盘中实例文件\第 3 章\练习 3.3.1\Media 目录下准备的素材文件，应用设置图层轨道遮罩的方法，编辑如图 3-106 所示的动画效果。

2. 绘制矢量图形并应用合成嵌套

使用绘图工具绘制的多个图形，除了可以使用编组功能将其作为一个图形对象来操作外，还可以利用合成嵌套功能得到更方便的"编组"处理：单独在一个合成中绘制需要的形状图形，然后将该合成作为一个素材对象，加入到其他的工作合成中使用。在需要对其进行修改调整时，只需要进入其原始合成中编辑操作，即可同步实现在最终工作合成中的更新。

图 3-106 遮罩动画效果

1 在新建的合成中，应用"钢笔工具"■绘制一个马的剪影画图形，配合使用"转换顶点工具"■编辑图形的曲线路径，如图 3-107 所示。

图 3-107 绘制剪影图形

2 新建一个合成，从项目窗口中将之前绘制完成剪影图形的合成加入到新建的合成中，作为一个素材对象创建图层。

3 在新的合成中加入视频素材并设置亮度遮罩，得到在剪影范围内显示视频影像内容的遮罩效果。为视频素材图层添加投影图层样式，并绘制一个覆盖整个合成画面的矩形作为影片背景，编辑标题文字并设置样式效果，完成影片的编辑，如图 3-108 所示。

图 3-108 将嵌入的合成图像作为亮度遮罩

第 4 章　关键帧动画

本章重点

➢ 位移动画的创建和编辑
➢ 缩放动画的创建与编辑
➢ 旋转动画的创建与编辑
➢ 不透明度动画的编辑
➢ 通过移动关键帧调整动画速度
➢ 设置动画的缓动效果
➢ 跟踪运动的创建与设置
➢ 关键帧动画综合运用——车界

4.1　编辑技能案例训练

4.1.1　实例 1　位移动画的创建和编辑

素材目录	光盘\实例文件\第 4 章\案例 4.1.1\Media\
项目文件	光盘\实例文件\第 4 章\案例 4.1.1\Complete\位移动画的创建和编辑.aep
案例要点	对象位置的移动动画是最基本的动画效果，通过为图层的"位置"选项在不同时间创建多个关键帧并分别修改参数值，或在添加了关键帧后直接在合成窗口中对图层对象进行移动，可以完成对位移路径的调整变化

1　在项目窗口的空白区域双击鼠标左键，打开"导入文件"对话框，选择本实例素材目录下准备的素材文件并导入。

2　将项目窗口中的视频素材直接拖入空白的时间轴窗口中，应用其视频属性创建合成。

3　将项目窗口中的图像素材拖入时间轴窗口中，并安排在视频素材图层的上层，如图 4-1 所示。

图 4-1　编排素材

4　在时间轴窗口中单击图层 1 前面的三角形按钮，展开图层的"变换"选项，修改其中"缩放"选项的数值为 50%，先将合成窗口中的飞船图像缩小到合适的大小，如图 4-2 所示。

图 4-2 修改图像大小

提示

在合成窗口中选择飞船图像,在图像边缘出现控制点时,用鼠标按住控制点并拖放,可以自由缩放图像的尺寸。在拖放过程中按住 Shift 键,可以对其进行等比缩放,如图 4-3 所示。

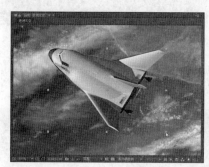 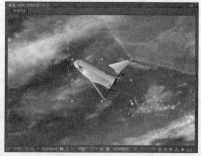

图 4-3 用鼠标调整图像大小

5 使用鼠标将合成窗口中缩小后的飞船图像移动到画面的右下角,然后在时间轴窗口中单击该图层"位置"选项前的时间变化秒表按钮，在开始位置创建关键帧,如图 4-4 所示。

图 4-4 创建关键帧

6 将时间指针移动到第 8 秒的位置,然后单击"位置"选项前面的"在当前时间添加或移除关键帧"按钮，在该位置添加一个关键帧。然后修改"位置"选项的参数值,将飞船图像移动到画面中间靠上的位置,如图 4-5 所示。

图 4-5 添加关键帧并修改参数值

7 将时间指针移动到第 14 秒的位置，然后在合成窗口中将飞船图像移动到画面的左上角，即可在该位置为当前按下了时间变化秒表的"位置"选项添加一个新的关键帧，并自动应用图像目前的坐标位置作为该关键帧上的参数值，如图 4-6 所示。

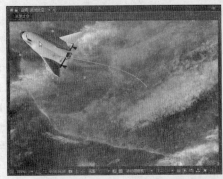

图 4-6　通过调整对象属性添加关键帧

8 拖动时间指针或按空格键，即可播放预览飞船图像在合成画面中从右下角移动到画面中上方，再移动到左上角并停止的位置动画效果，如图 4-7 所示。

图 4-7　位移关键帧动画

9 在时间轴窗口中选择一个关键帧时，在合成窗口中将显示该关键帧前后的路径控制柄，可以通过拖动该控制柄来对关键帧前后的位移路径曲线进行调整，如图 4-8 所示。

图 4-8　调整关键帧前后的运动路径

10 拖动时间指针预览动画效果，飞船图像将沿调整后的曲线路径移动，但并没有随路径方向的改变而调整方向。

11 在时间轴窗口中选择飞船图像图层，执行"图层→变换→自动定向"命令，在打开的对话框中选择"沿路径定向"选项，然后单击"确定"按钮进行应用，如图 4-9 所示。

12 执行自动定向后，图层图像将会被自动旋转方向，需要做修复调整：将时间指针定位在开始位置，在工具栏中选择"旋转工具"▇，在合成窗口中将飞船图像的角度调整回正常的状态，如图 4-10 所示。

图 4-9　设置自动转向

图 4-10　修复图像角度

13 按 "Ctrl+S" 键保存工作。拖动时间指针或按空格键，即可播放预览飞船图像在画面中从右下角开始沿曲线路径移动，并在过程中随曲线方向自动定向的动画效果，如图 4-11 所示。

图 4-11　编辑完成的位移动画

4.1.2　实例 2　缩放动画的创建与编辑

素材目录	光盘\实例文件\第 4 章\案例 4.1.2\Media\
项目文件	光盘\实例文件\第 4 章\案例 4.1.2\Complete\缩放动画的创建与编辑.aep
案例要点	缩放动画也是在影片编辑中经常要用的基础动画类型，可以通过为图层的"缩放"选项在不同时间位置创建关键帧并设置数值创建，同样可以在关键帧编辑状态下，通过在合成窗口中直接对图像进行大小缩放来实现

　　1　在项目窗口的空白区域双击鼠标左键，打开"导入文件"对话框，选择本实例素材目录下准备的素材文件并导入。

　　2　将项目窗口中的视频素材直接拖入空白的时间轴窗口中，应用其视频属性创建合成。

　　3　将项目窗口中的图像素材拖入时间轴窗口中，并安排在视频素材图层的上层。按 S 键，展开图像图层的"缩放"选项，单击选项前的时间变化秒表按钮，在开始位置创建关键帧，如图 4-12 所示。

　　4　将时间指针定位在 6 秒的位置，然后直接修改"缩放参数"的数值为 70%，即得到从开始到第 6 秒之间，飞船图像逐渐缩小的关键帧动画，如图 4-13 所示。

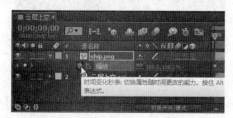

图 4-12　创建缩放关键帧　　　　　　　　图 4-13　修改缩放数值来添加关键帧

5 将时间指针定位在 12 秒的位置，然后在合成窗口中选择飞船图像，在按住 Shift 键的同时对飞船图像进一步等比缩小，如图 4-14 所示。

图 4-14 使用鼠标缩放图像大小来添加关键帧

6 按"Ctrl+S"键保存工作。拖动时间指针或按空格键，即可播放预览飞船图像在合成画面中逐渐缩小的动画效果。

4.1.3 实例 3 旋转动画的创建与编辑

素材目录	光盘\实例文件\第 4 章\案例 4.1.3\Media\
项目文件	光盘\实例文件\第 4 章\案例 4.1.3\Complete\旋转动画的创建与编辑.aep
案例要点	通过为图层的"旋转"选项在不同时间位置创建关键帧并设置数值，即可得到图层对象的旋转动画。同样可以在关键帧编辑状态下，在工具栏中选择"旋转"工具，在合成窗口中对图像进行旋转来添加关键帧并设置旋转角度

1 在项目窗口的空白区域双击鼠标左键，打开"导入文件"对话框，选择本实例素材目录下准备的素材文件并导入，如图 4-15 所示。

2 按"Ctrl+N"键，打开"合成设置"对话框，新建一个画面尺寸为 720×576px，像素长宽比为方形像素，帧速率为 25fps，持续时间为 10 秒的合成序列，如图 4-16 所示。

图 4-15 导入素材　　　　　　　　　　　　图 4-16 新建合成

3 将项目窗口中的素材文件，按如图 4-17 所示的顺序加入新建合成的时间轴窗口中进行编排。

图 4-17 在时间轴窗口中编排素材

4　在时间轴窗口中双击图层 1，打开图层编辑窗口，查看显示扇叶图像，然后在时间轴窗口中单击图层 1 前面的三角形并展开其"变换"选项，将图层的"锚点"调整到扇叶中轴的中心点，图像在旋转时将以该锚点位置作为旋转中心，如图 4-18 所示。

图 4-18　调整图像锚点位置

5　打开合成窗口，将调整好锚点位置的扇叶图像向上移动适当距离，使其中心轴与底座上的轴对齐，如图 4-19 所示。

图 4-19　移动扇叶图像

6　在时间轴窗口中将时间指针定位在 1 秒的位置，按下图层 1"旋转"选项前的时间变化秒表按钮，在该位置创建关键帧，如图 4-20 所示。

7　将时间指针定位到第 9 秒的位置，修改"旋转"选项的数值为"8x+180.0°"，如图 4-21 所示。

图 4-20　创建关键帧　　　　　　　　图 4-21　添加关键帧并修改数值

提示

"旋转"参数为正值时，对象以顺时针方向旋转；当"旋转"参数为负值时，则对象以逆时针方向旋转。

8 按"Ctrl+S"键保存工作。拖动时间指针或按空格键，即可播放预览风扇图像从第 1 秒开始转动 8 圈半后，在第 9 秒停止的关键帧动画，如图 4-22 所示。

图 4-22 播放预览旋转动画

4.1.4 实例 4 不透明度动画的编辑

素材目录	光盘\实例文件\第 4 章\案例 4.1.4\Media\
项目文件	光盘\实例文件\第 4 章\案例 4.1.4\Complete\不透明度动画的编辑.aep
案例要点	为图层的"不透明度"选项创建关键帧动画，可以制作图像在影片中显示或消失、渐隐渐现的动画效果。在实际编辑工作中，常用于编辑图像的淡入或淡出效果，使图像画面的显示过渡得更自然

1 在项目窗口的空白区域双击鼠标左键，打开"导入文件"对话框，选择为本实例准备的 PSD 素材文件，将其以合成的方式导入，如图 4-23 所示。

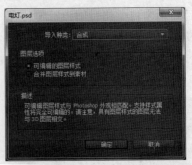

图 4-23 导入 PSD 图像素材

2 导入完成后，在项目窗口中双击创建的合成对象，打开其时间轴窗口。

3 在时间轴窗口中选择图层"灯泡"并按 T 键，展开图层的"不透明度"选项。按下选项前的时间变化秒表按钮，将时间指针定位在需要的位置并修改"不透明度"的参数值，

编辑灯泡图像在播放过程中忽明忽暗的动画效果，如图 4-24 所示。

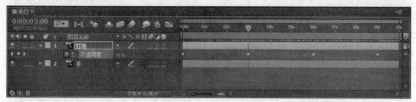		00:00:00:00	00:00:03:00	00:00:06:00	00:00:09:00
⏱	不透明度	0%	40%	80%	100%

图 4-24　编辑不透明度关键帧动画

4　按"Ctrl+S"键保存工作。在时间轴窗口中拖动时间指针或按空格键，预览编辑完成的电灯忽明忽暗动画效果，如图 4-25 所示。

图 4-25　预览不透明度动画效果

4.1.5　实例 5　通过移动关键帧调整动画速度

素材目录	光盘\实例文件\第 4 章\案例 4.1.1\Media\
项目文件	光盘\实例文件\第 4 章\案例 4.1.5\Complete\通过移动关键帧调整动画速度.aep
案例要点	在不改变属性选项的关键帧参数值的情况下，最方便调整动画速度的办法就是调整关键帧的时间位置，缩短或加长关键帧之间的距离，即可加快或放慢关键帧间的动画速度。同时对 3 个及以上的关键帧进行位置调整，则可以对所选关键帧的动画进行整体均衡调速

1　执行"文件→打开项目"命令，打开"案例 4.1.1"一节中编辑完成的项目文件，然后执行"文件→另存为→另存为"命令，将该项目文件另存为新的项目文件，作为本案例的操作项目，下面将对其中飞船图像的位移动画进行动画速度的调整操作。

2　在时间轴窗口中，选择飞船图像图层并按 P 键，展开其编辑了关键帧动画的"位置"选项。选择位于第 14 秒的关键帧，用鼠标将其移动到第 10 秒的位置，如图 4-26 所示。

3　在合成窗口中可以对比在拖动结尾关键帧前后，结尾关键帧与中间关键帧中间路径曲线上帧数点由之前的大量密集变得少量稀松，即表示每一帧的时间里，飞船图像的移动距离变大了，如图 4-27 所示。

4　拖动时间轴窗口中的时间指针或按空格键，即可预览播放飞船图像在前两个关键帧之间按照之前速度移动，在后两个关键帧之间快速移动的动画效果。

5　在时间轴窗口中框选"位置"选项的所有关键帧，直接使用鼠标按住并向前或向后拖动，可以为所选关键帧都移动相同的时间距离。在按住 Alt 键的同时，用鼠标向前或向后拖动第一个或最后一个关键帧，可以整体改变所选范围内所有关键帧的间距，如图 4-28 所示。

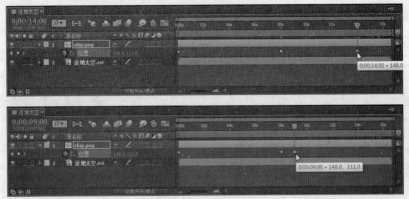

图 4-26　移动关键帧位置

图 4-27　调整关键帧位置前后运动路径上的帧数点变化

图 4-28　整体调整关键帧动画速度

4.1.6　实例 6　设置动画的缓动效果

素材目录	光盘\实例文件\第 4 章\案例 4.1.3\Media\
项目文件	光盘\实例文件\第 4 章\案例 4.1.6\Complete\设置动画的缓动效果.aep
案例要点	默认情况下创建的两个关键帧之间的动画效果是匀速的。缓动效果是在运动变化中以一定的加速度从无到有逐渐提高或降低的效果

1 执行"文件→打开项目"命令,打开"案例 4.1.3"一节中编辑完成的项目文件,然后执行"文件→另存为→另存为"命令,将该项目文件另存为新的项目文件,作为本案例的操作项目,下面将对其中风扇图像的旋转动画进行缓动效果的编辑。

2 在时间轴窗口中,选择扇叶图像图层并按 R 键,展开其编辑了关键帧动画的"旋转"选项。选择位于第 1 秒的开始关键帧,然后执行"动画→关键帧辅助→缓出"命令,或者在该关键帧上单击鼠标右键并选择"关键帧辅助→缓出"命令,即可将该关键帧的动画设置为缓出效果,如图 4-29 所示。

图 4-29 设置关键帧缓出效果

3 该关键帧的图标从之前的 ◆ 变为了 ◢ 形状,即表示设置了缓出效果。按空格键进行播放预览,即可查看到风扇扇叶的转动由开始的缓慢启动,然后逐渐加快的动画效果。

4 在"旋转"选项位于第 9 秒的结束关键帧上单击鼠标右键并选择"关键帧辅助→缓入"命令,将该关键帧的图标从之前的 ◆ 变为 ◣ 形状,即表示该图像的旋转动画在播放到该关键帧时,从之前的突然停止变成逐渐放慢旋转速度并直至停止,可以通过执行播放预览来查看。

5 将时间指针定位在两个关键帧之间的任意位置,然后单击"旋转"选项前面的"在当前时间添加或移除关键帧"按钮 ◆ ,可以在该位置添加一个缓动状态的关键帧,即表示动画在播放接近该关键帧时将逐渐变慢,并且在离开该关键帧时逐渐变快,其效果与对关键帧直接执行"动画→关键帧辅助→缓动"命令一致,如图 4-30 所示。

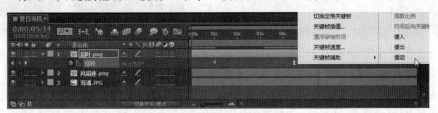

图 4-30 添加缓动关键帧

4.1.7 实例 7 跟踪运动的创建与设置

素材目录	光盘\实例文件\第 4 章\案例 4.1.7\Media\
项目文件	光盘\实例文件\第 4 章\案例 4.1.7\Complete\跟踪运动的创建与设置.aep
案例要点	在影视后期编辑中,跟踪运动是指对被跟踪素材中一帧画面的某一特征区域进行像素确定,在后续帧的画面中跟踪之前确定的像素区域并进行记录分析,得到该像素区域的运动路径,然后应用到新的素材图层上,使该素材得到与记录路径相同的运动动画

1 在项目窗口的空白区域双击鼠标左键,打开"导入文件"对话框,选择本实例素材目录下准备的素材文件并导入。双击项目窗口中的"飞鸟掠影.mov"素材,在打开的素材窗口中对其视频内容进行播放预览,本实例将以其中掠过天空的飞鸟图像作为跟踪对象来介绍

跟踪运动的创建与设置方法，如图 4-31 所示。

2 在 After Effects 中进行跟踪运动合成，需要至少两个图层，即被跟踪的运动源层和将跟踪结果应用到的目标图层，可以实现对被跟踪素材中指定像素区域在位置、旋转、缩放等动作的跟踪记录。下面先来编辑本实例中作为跟踪结果应用目标的动画素材：在项目窗口中的"巨鸟.gif"素材上单击鼠标右键并选择"基于所选项新建合成"命令，以该 GIF 动画的图像属性创建一个合成序列，如图 4-32 所示。

图 4-31　预览素材内容

图 4-32　基于素材新建合成

3 在新建合成的时间轴窗口打开后，拖动时间指针预览该动画的内容。在合成窗口中选择动画图像，用鼠标按住图像左侧或右侧的控制点并向另一侧拖动，对动画图像进行水平翻转并适当增加宽度，使图像中巨鸟的朝向与视频素材中飞鸟的运动方向一致，如图 4-33 所示。

4 按"Ctrl+K"键，打开当前合成的设置对

图 4-33　调整动画图像方向

话框，将合成的持续时间从原本的 9 秒修改为 8 秒，使其与视频素材的持续时间保持一致，如图 4-34 所示。

5 GIF 动画素材的帧速率非常高，但整体持续时间也非常短，需要对其进行调整处理。选择合成中的图层并执行"图层→时间→时间伸缩"命令，在打开的对话框中将图层的持续时间拉伸至 650%，如图 4-35 所示。

图 4-34　修改合成持续时间

图 4-35　拉伸图层的持续时间

6 在时间轴窗口中选择修改了持续时间后的图层，按"Ctrl+D"键 13 次，得到 14 个相同内容的图层，然后从上到下选择所有图层并执行"动画→关键帧辅助→序列图层"命令，在弹出的对话框中勾选"重叠"复选框并按"确定"按钮进行应用，使时间轴窗口中选择的图层一次前后相接，得到完整内容的合成序列，如图 4-36 所示。

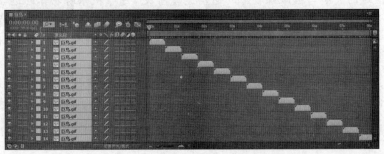

图 4-36　复制图层并进行序列化处理

7 在项目窗口中的"飞鸟掠影.mov"素材上单击鼠标右键并选择"基于所选项新建合成"命令，以该视频素材的视频属性创建一个合成。

8 将项目窗口中的合成"巨鸟"加入新建合成的时间轴窗口中并置于最上层，然后将该图层的混合模式设置为"较深的颜色"，以去掉合成窗口中巨鸟图像的白色背景，如图 4-37 所示。

图 4-37　嵌入合成并设置图层混合模式

9 拖动时间指针到背景画面中飞鸟进入画面的位置（0:00:01:05），然后选择图层 2 并执行"动画→跟踪运动"命令，程序将自动进入图层编辑窗口并显示跟踪范围框，如图 4-38 所示。

10 使用鼠标移动跟踪范围框到画面右侧的飞鸟图像上，并将方框中的十字形跟踪点覆盖在飞鸟图像像素上，锁定跟踪目标，如图 4-39 所示。

图 4-38　创建运动跟踪　　　　　　　　　图 4-39　锁定跟踪目标

提示

　　在跟踪范围框中，外面的方框为搜索区域，里面的方框为特征区域，通过方框的控制点可以改变两个区域的大小和形状。搜索区域的作用是定义下一帧的跟踪范围，搜索区域的大小与被跟踪物体的运动速度有关，通常被跟踪物体的运动速度越快，两帧之间的位移就越大，这时搜索区域也要相应的增大。特征区域的作用是定义跟踪目标的范围，程序会记录当前跟踪区域中图像的色彩、亮度以及其他特征，然后在后续帧中以该特征进行跟踪。

　　跟踪区域内的小十字形是跟踪点。跟踪点与跟踪层的定位点或滤镜效果相连，它表示在跟踪过程中跟踪层或效果点的位置。在跟踪完之后，跟踪点的关键帧将被添加到相关的属性层中。

11 执行跟踪运动命令后，"跟踪器"面板将自动打开并显示默认的跟踪设置，单击"分析"选项中的"向前分析" 按钮，开始执行对跟踪目标的位置运动分析，如图 4-40 所示。

图 4-40　"跟踪器"面板与跟踪分析结果

● 跟踪摄像机：单击该按钮，可以进行摄像机的跟踪操作。
● 变形稳定器：单击该按钮，可以对选择的晃动画面素材进行自动画面稳定操作。
● 跟踪运动：单击该按钮，创建新的跟踪轨迹。
● 稳定运动：单击该按钮，创建新的稳定轨迹。

提示

　　实际上，"跟踪运动"和"稳定运动"在原理上是相似的，在操作方法上也基本相同。跟踪运动是用跟踪范围框"跟随"跟踪特征区域，使跟踪物体得到与跟踪特征区域相同的运动轨迹。稳定运动可以理解为"定住"跟踪特征区域，使被跟踪区域得到从开始到结束最大限度上的稳定，如同将一张纸用一个图钉固定在桌面上，纸张可以发生旋转，但被定住的点保持不动。跟踪运动是将一个图层中特征点的运动轨迹应用给另外的图层，而稳定运动则是对当前图层的调整。

● 运动源：在该下拉菜单中显示了合成中的所有动画层，用于设置创建跟踪的动画层（如果有静态图像层，则显示为不可选择的灰色），如图 4-41 所示。
● 当前跟踪：显示了当前使用的轨迹，一个层可以被多次执行跟踪命令，包含多个轨迹。

● 跟踪类型：其下拉菜单中提供了几种不同的跟踪类型，当选择"动画→跟踪运动"命令时，系统会默认为"变换"，如图 4-42 所示。

图 4-41　"运动源"下拉菜单　　　　　　图 4-42　"跟踪类型"下拉菜单

> 稳定：设置跟踪位置或旋转，稳定摄像机镜头颤动所导致的画面晃动。当跟踪位置时，该选项创建一个跟踪点，并生成位置关键帧。当跟踪旋转对象时，该选项创建两个跟踪点，并生成旋转关键帧。

> 变换：跟踪原动画层的位置和旋转，然后施加到其他的层。

> 平行边角定位：通过改变四个角的位置来定位图像，不能自由扭曲，也称为 4 点跟踪。

> 透视边角定位：和"平行边角定位"类型相似，只是它可以跟踪原动画在空间上的变化，也称为三维跟踪。当施加到目标层时，原始层的空间变化也将应用到目标层中，从而将其扭曲来模拟空间的变化。

> 原始：只跟踪位置。如果运动目标不可用或希望稍后再将跟踪数据应用到运动目标时选择该选项，所有的跟踪数据将与原动画层一起保存在项目中。

● 位置、旋转、缩放：设置对象跟踪方式，即位置、旋转与缩放，可以同时选择多个。

> 位置：位置跟踪是最常用的跟踪应用。在"跟踪器"面板中勾选"位置"复选框，然后单击"编辑目标"按钮设置跟踪物体，在图层编辑窗口中设置跟踪特征区域的位置，即可进行跟踪设置操作。

> 旋转：旋转跟踪有两个跟踪范围框，中间有一条轴线。由两个跟踪范围框分别确定两个跟踪区域后，根据跟踪过程中轴线角度的变化进行分析，得到被跟踪对象的旋转运动记录，然后将其应用到跟踪物体上，使其具有与跟踪记录相同的旋转运动，如图 4-43 所示。

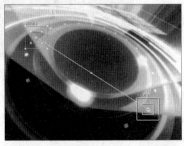

图 4-43　旋转跟踪

> 缩放：缩放跟踪是在跟踪轨迹中，通过记录两个跟踪范围框之间距离的变化来分析得到缩放比例的变化，并将其应用到跟踪物体上，使其具有与跟踪记录相同的缩放变化，如图 4-44 所示。

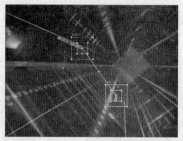

图 4-44　缩放跟踪

> 复合跟踪：要将被跟踪对象在运动过程中既有移动又有旋转，或既有旋转又有缩放的动作应用到跟踪物体上，只需要在"跟踪器"面板中同时勾选对应的"位置"、"旋转"或"缩放"复选框，即可执行跟踪记录操作，程序将在跟踪轨迹中同时分析两个跟踪范围框在位置、间距、旋转角度方面的变化，并将结果应用到跟踪物体上，如图 4-45 所示。

图 4-45　复合跟踪运动

● 编辑目标：单击该按钮，可以选择或修改要应用跟踪的目标图层，如图 4-46 所示。
● 选项：单击该按钮，将打开"动态跟踪器选项"对话框，对跟踪选项进行设置，如图 4-47 所示。

图 4-46　设置跟踪目标　　　　　　图 4-47　"动态跟踪器选项"对话框

> 轨道名称：可以在其中为当前的跟踪轨迹命名。
> 跟踪器增效工具：用于指定跟踪插件，以适应不同情况的跟踪。如果没有安装第三方插件，则为默认的"内置"。
> 通道：根据被跟踪素材图像的特点选择合适的通道模式，使设置的跟踪区域与周围像素形成差异，便于更准确分析跟踪路径。如果跟踪区域与周围存在较大的色彩反差，可以选择 RGB。如果是亮度存在差异，则应选择"明亮度"。如果是色彩饱和度反差大，则应选择"饱和度"。

➢ 匹配前处理：勾选该选项后，可以设置对被跟踪区域像素边缘进行模糊或锐化，以增强被跟踪区域与周围的反差，以便更容易被跟踪。此设置只在跟踪时临时改变画面，完成后不影响素材原本显示效果。

➢ 跟踪场：勾选该选项后，可以使帧频加倍，以保证对隔行扫描的视频的两个视频场都可以跟踪。

➢ 子像素定位：将特征区域中的像素划分为更小的部分进行匹配，以获取更精确的跟踪效果，但需要花费更多分析时间。

➢ 每帧上的自适应特征：勾选该选项后，在跟踪时适应素材特征的变化。对于跟踪对象在过程中有明显的形状、颜色、亮度的变化，那么勾选此项可以增强跟踪准确性。

➢ __如果置信度低于__%：在该下拉列表中设置当跟踪精度低于一个数值时的处理方法，包括继续跟踪、停止跟踪、预测运动、自适应特征等选项。

● 分析：开始帧与分析跟踪点的位置及旋转角度相对应，以下按钮用于控制跟踪分析的过程。

➢ 向后分析一帧█：通过退回到前一帧来分析当前帧。

➢ 向后分析█：从当前帧向后一直到动画素材工作区域的起始点进行反向分析。

➢ 向前分析█：从当前帧向前一直到动画素材工作区域的结束点进行常规的分析。

➢ 向前分析一帧█：通过前进到下一帧对当前帧进行分析。

● 重置：单击该按钮，可以将当前帧所选轨迹的跟踪范围、搜索范围和跟踪点恢复到默认位置。

12 跟踪分析完成后，可以在图层编辑窗口中查看跟踪分析得到的位置运动路径。在"跟踪器"面板中单击"应用"按钮，打开"动态跟踪器应用选项"对话框，在"应用维度"下拉列表中选择需要应用到目标图层对象上的方向为"X 和 Y"（即水平和垂直方向），如图 4-48 所示。

图 4-48　跟踪运动应用选项

13 在"动态跟踪器应用选项"对话框中单击"确定"按钮，即可将分析得到的运动路径应用给目标图层 1"巨鸟"，可以在时间轴窗口中查看到"巨鸟"图层的"位置"选项中也生成了和跟踪分析结果中相同的运动关键帧，如图 4-49 所示。

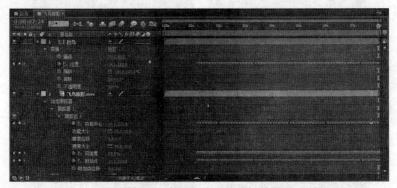

图 4-49　应用跟踪运动分析结果

14 按"Ctrl+S"键保存工作。展开合成窗口，拖动时间指针或按空格键，即可播放巨鸟图像跟随背景视频画面中原飞鸟掠过天空的轨迹相同的位移动画，如图 4-50 所示。

图 4-50 播放预览动画

4.2 项目应用——综合运用关键帧动画制作"车界"

素材目录	光盘\实例文件\第 4 章\项目 4.2.1\Media\
项目文件	光盘\实例文件\第 4 章\项目 4.2.1\Complete\车界.aep
输出文件	光盘\实例文件\第 4 章\项目 4.2.1\Export\车界.flv
操作点拨	本实例是为一个汽车资讯类电视栏目设计制作的栏目包装片头动画,综合运用了多种基本类型的关键帧动画类型,并配合音频与文字效果的安排,得到创意完整的片头影片 (1)根据前期的规划创意,在准备阶段搜集素材并处理好图像素材、音频素材的基础效果 (2)在时间轴窗口中编排素材,利用快捷键,快速完成图层时间位置的定位调整 (3)展开图层的对应属性选项并创建关键帧,编辑出各素材以对应的动态方式进入画面的动画效果 (4)添加背景音效和文字副标题,设置合适的效果并执行渲染输出

本实例的最终完成效果如图 4-51 所示。

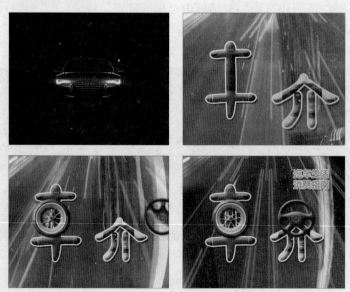

图 4-51 影片完成效果

1 在项目窗口的空白区域双击鼠标左键，打开"导入文件"对话框，选择本实例素材目录下准备的"车界.psd"素材文件，将其以合成的方式导入，如图 4-52 所示。

2 在项目窗口中双击导入生成的合成，打开其时间轴窗口，按"Ctrl+K"键，打开"合成设置"对话框，在"像素长宽比"下拉列表中选择"方形像素"，并将合成的持续时间修改为 10 秒，如图 4-53 所示。

图 4-52 导入素材为合成

图 4-53 修改合成设置

3 在项目窗口的空白区域双击鼠标左键，打开"导入文件"对话框，导入本实例素材目录下准备的其他素材文件。

4 选择"车头.jpg"素材并加入到时间轴窗口中的最上层，修剪其持续时间到 2 秒结束，然后选择下面的所有图层并向后移动 2 秒，使它们的入点与图层 1 的出点对齐，如图 4-54 所示。

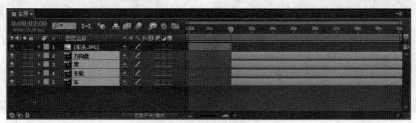

图 4-54 调整图层时间位置

提示

在移动图层时间位置时，可以使用快捷键来快速操作。例如此步骤操作中，可以先将时间指针定位在第 2 秒的位置，然后选择图层 1 并按键盘上的] 键，即可将图层的出点移动到该位置，而图层整体向前移动。选择下面的所有图层后，按键盘上的 [键，即可将这些图层的入点移动到该位置，而图层则整体向后移动。

5 选择图层 1 并按 S 键，展开图层的"缩放"选项，然后在按住 Shift 键的同时按 T 键，展开图层的"不透明度"选项，为其创建逐渐显现并放大、淡出的关键帧动画，并分别为对应的动画开始关键帧设置缓出效果，如图 4-55 所示。

6 将项目窗口中的"夜空.mov"、"车流.mov"素材依次加入时间轴窗口中，然后将"夜空.mov"素材图层的持续时间延展到 8 秒，与合成的出点对齐，如图 4-56 所示。

7 打开"模式"面板，将"夜空.mov"素材图层的图层混合模式设置为"相加"，使其

与下层的视频素材画面混合，如图 4-57 所示。

		00:00:00:00	00:00:01:00	00:00:01:15	00:00:02:00
⏱	缩放			80%	350%
⏱	不透明度	0%	100%	100%	0%

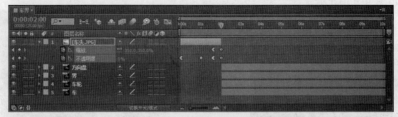

图 4-55　编辑关键帧动画

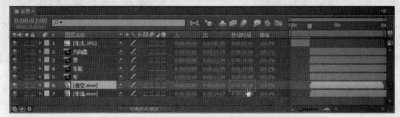

图 4-56　伸展图层的持续时间

图 4-57　设置图层混合模式

8　选择图层"车"并按 S 键，展开图层的"缩放"选项，在按住 Shift 键的同时按 T 键，再展开图层的"不透明度"选项，为其创建逐渐显现并缩小的关键帧动画，并分别为对应的关键帧设置缓入效果，如图 4-58 所示。

		00:00:02:00	00:00:04:00		
⏱	缩放	250%	100%		
⏱	不透明度	0%	100%		

图 4-58　编辑关键帧动画

9 选择图层"界"并展开其"缩放"、"不透明度"选项，为其创建逐渐显现并缩小的关键帧动画，并分别为对应的关键帧设置缓入效果，如图 4-59 所示。

		00:00:04:00	00:00:06:00		
⏱	缩放	250%	100%		
⏱	不透明度	0%	100%		

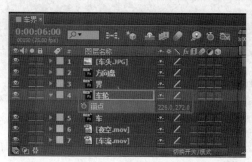

图 4-59　编辑关键帧动画

10 双击图层"车轮"，进入其图层编辑状态，将其锚点位置移动到车轮的中心点位置，也可以通过按下 A 键展开图层的"锚点"选项，然后调整其参数值进行调整，如图 4-60 所示。

图 4-60　调整图层的锚点位置

11 按 P 键，展开图层的"位置"选项，在按住 Shift 键的同时按 R 键，展开图层的"旋转"选项，为其创建从画面左侧旋转进入并停止的关键帧动画，并分别为对应的关键帧设置缓入效果，如图 4-61 所示。

		00:00:06:00	00:00:08:00		
⏱	位置	-90.0,272.0	213.0,272.0		
⏱	旋转	-1x+0.0°	0x+0.0°		

图 4-61　编辑关键帧动画

12 双击图层"车轮"，进入其图层编辑状态，将其锚点位置移动到车轮的中心点位置。也可以通过按 A 键展开图层的"锚点"选项，然后对其参数值进行调整，如图 4-62 所示。

图 4-62 调整图层的锚点位置

13 展开图层的"位置"、"旋转"选项,为其创建从画面右侧旋转进入并停止的关键帧动画,并分别为对应的关键帧设置缓入效果,如图 4-63 所示。

		00:00:07:00	00:00:09:00		
⏱	位置	810.0,272.0	502.0,270.0		
⏱	旋转	1x+0.0°	0x+0.0°		

图 4-63 编辑关键帧动画

14 将时间指针定位在第 8 秒的位置,选择文字工具并输入文字"汽车生活 消费指南",通过"字符"面板为其设置文本属性,如图 4-64 所示。

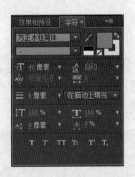

图 4-64 编辑文字效果

15 在时间轴窗口中的文字图层上单击鼠标右键并选择"图层样式→投影"命令,然后在时间轴窗口展开的样式选项中设置投影的具体效果,如图 4-65 所示。

16 将时间指针定位在开始位置,将项目窗口中的"engine.mp3"素材加入到时间轴窗口中。将时间指针定位在第 2 秒位置,加入"music.mp3"素材作为影片的音效背景,如图 4-66 所示。

17 按"Ctrl+S"键,保存编辑完成的工作。

图 4-65 添加并设置投影效果

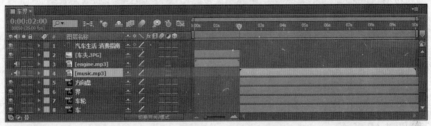

图 4-66 加入背景音效

18 在项目窗口中选择编辑完成的合成，执行"合成→添加到渲染队列"命令或按"Ctrl+M"键，将编辑好的合成添加到渲染队列中。设置合适的渲染参数，将合成输出成影片文件，如图 4-67 所示。

图 4-67 在 Media Player 中观看影片

4.3 练习题

1. 运用多种动画形式制作主题影片

恰当地配合运用多种形式的关键帧动画效果，可以制作出动感丰富的主题影片。打开本书配套光盘中实例文件\第 4 章\练习 4.3.1\Export\2015.flv 文件，如图 4-68 所示，利用本操作练习实例的素材目录下准备的文件，应用本章中学习的关键帧动画编辑方法，完成此操作练习实例的制作。

图 4-68　观看影片完成效果

需要特别注意的是，因为图层的默认锚点位置不一定在图像的中心点上，所以在创建旋转关键帧动画时，一定要先根据动画效果的需要将图像锚点的位置调整到需要的位置。调整图层的锚点位置后，图层图像的相对位置也会发生对应的改变，也需要在创建动画前重新安排好位置，如图 4-69 所示。

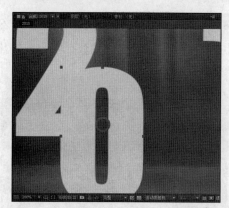 

图 4-69　移动图层锚点

2. 应用跟踪运动技术编辑魔术短片

在很多科幻、魔幻电影里面，都有使用跟踪运动的后期特效来合成拍摄所不能实现的镜头画面。如果要准备在后期中运用跟踪运动，那么在拍摄视频素材时就需要安排好被跟踪对象在整个拍摄过程中的移动路径，并与周围像素形成明显差异，才能得到更好的合成效果。打开本书配套实例光盘中的"实例文件\第 4 章\练习 4.3.2\Export\火焰魔法.flv"文件，如图 4-70 所示，利用本操作练习实例的素材目录下准备的文件，应用本章中学习的跟踪运动编辑方法，完成此操作练习实例的制作。

1 导入准备的视频素材后，再以导入序列文件的方式，导入为本练习实例准备的火焰燃烧序列动画素材，作为对视频素材中的红色物体进行跟踪运动后的应用目标。

2 为方便进行跟踪运动编辑前后的效果对比，在以视频素材的属性建立合成后，打开"合成设置"对话框并将合成的持续时间修改为之前的两倍，然后再次加入该视频素材到合成中，以对第二段视频素材进行跟踪运动分析，如图 4-71 所示。

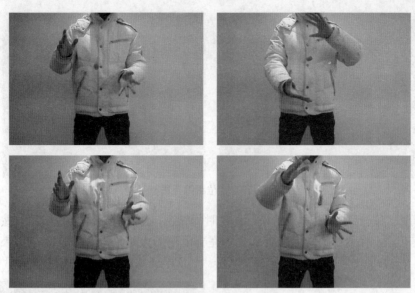

图 4-70 观看影片完成效果

图 4-71 修改合成时间并添加视频素材

3 将导入的序列动画素材加入到时间轴窗口中并置于第二段视频素材的上层，并设置其入点在人物双手中间的红色物体出现开始。然后双击合成窗口中的火球动画素材，进入其图层编辑窗口，将其锚点移动到火球的中心位置（锚点：95.0,165.0），使其在被应用跟踪轨迹后，火球贴附到运动的红色物体上，如图 4-72 所示。

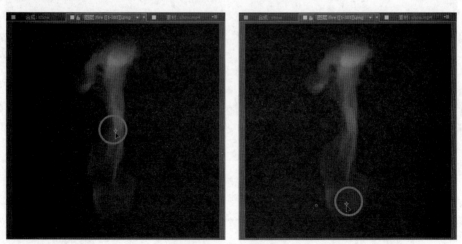

图 4-72 移动素材中心点

4 对第二段视频素材执行"跟踪运动"命令，将跟踪范围框调整到人物双手间的红色物体上，将里面的特征区域对齐到色块中心，并适当放大外面的搜索框，如图 4-73 所示。

 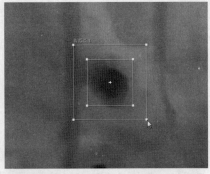

图 4-73　定位跟踪范围框

5　执行跟踪分析并应用分析结果后，在时间轴窗口中选择序列素材图层，按"Ctrl+D"键两次，对其进行两次复制，可以得到更加完善清晰的火焰动画图像，完成效果如图 4-74所示。

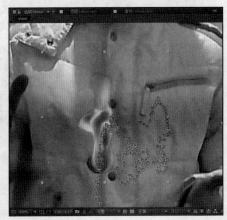

图 4-74　复制图层

第 5 章　蒙版与抠像

　本章重点

- ➤ 使用形状工具绘制蒙版
- ➤ 使用钢笔工具绘制蒙版
- ➤ 编辑蒙版关键帧动画
- ➤ 使用 Keylight 特效进行视频抠像
- ➤ 使用亮度键特效抠除黑色背景
- ➤ 使用颜色键特效抠除单色背景
- ➤ 使用线性颜色键和颜色差值键抠像
- ➤ 使用 Roto 笔刷工具抠除静态背景
- ➤ 蒙版动画特效编辑——霓裳倩影 Show
- ➤ 键控特效综合抠像编辑——海岸清风

5.1　编辑技能案例训练

5.1.1　实例 1　使用形状工具绘制蒙版

素材目录	光盘\实例文件\第 5 章\案例 5.1.1\Media\
项目文件	光盘\实例文件\第 5 章\案例 5.1.1\Complete\使用形状工具绘制蒙版.aep
案例要点	通过在图层上绘制蒙版，可以隐藏图层中不需要显示的区域，只显示蒙版路径内的区域，同时显示出蒙版范围外的下层图像，是一种简单实用的抠像技术。使用形状绘图工具，可以快速方便地在图层上绘制规则形状的蒙版

　　1　在项目窗口的空白区域双击鼠标左键，打开"导入文件"对话框，选择本实例素材目录下准备的素材文件并导入。

　　2　按"Ctrl+N"键，新建一个"PAL DV"的合成序列，设置持续时间为 10 秒，然后将项目窗口中的视频素材和图像素材依次加入时间轴窗口中。

　　3　在工具栏中按"矩形工具"按钮▣，在弹出的列表中选择"椭圆工具"按钮◯，如图 5-1 所示。

　　4　选择时间轴窗口中处于上层的视频图层，然后在合成窗口中按下鼠标左键并拖动，在显示出下层图像时，参考图像中咖啡杯的椭圆形状，绘制一个大小和形状接近

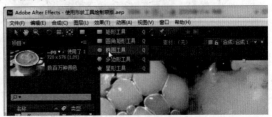

图 5-1　选择形状绘图工具

的蒙版形状，蒙版的范围内将显示该图层中原本的视频画面，如图 5-2 所示。

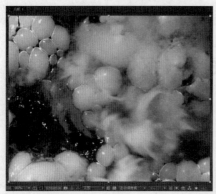

图 5-2　绘制椭圆形蒙版

提示

　　如果没有先在时间轴窗口中选择要绘制蒙版的图层，那么使用形状工具将会直接绘制出矢量图形，并且可以在工具栏或时间轴窗口的选项组中设置矢量图形的填充色、边框色及边框线条宽度，同时在时间轴窗口中也会添加对应的形状图层，如图 5-3 所示。

图 5-3　绘制的矢量图形

　　5　在工具栏中选择"选择工具"，双击合成窗口中的蒙版路径，进入其变换控制状态，将其移动到下层咖啡图像的上面，并调整大小和角度到恰好覆盖咖啡的椭圆面，如图 5-4 所示。

图 5-4　调整蒙版的位置、大小和角度

　　6　在时间轴窗口中展开视频图层的"蒙版"选项，根据绘制蒙版的大小，为"蒙版羽化"选项设置一定的数值，使蒙版形状的边缘变得柔和。设置"蒙版不透明度"为 70%，使下层图像中的内容可以若隐若现地显现。为"蒙版扩展"选项设置适当的数值，使蒙版的作用范围扩展到覆盖下层咖啡图像上的椭圆面，完成效果如图 5-5 所示。

图 5-5　设置蒙版属性

- 蒙版路径：单击该选项后面的"形状"文字按钮，同样可以打开"蒙版形状"对话框，在其中可以对该蒙版的形状大小进行调整。
- 蒙版羽化：对绘制的蒙版应用边缘羽化效果。羽化值越大，边缘就越柔和。单击"约束比例"  开关取消其选择状态，可以单独修改蒙版形状在横向（前一数值）或纵向（后一数值）的羽化值。
- 蒙版不透明度：设置蒙版区域中图像的不透明度。100%为完全不透明，0%为完全透明，此属性和图层的"不透明度"属性相同。
- 蒙版扩展：调节蒙版边缘的扩展或收缩，该参数值为正时向外扩展，为负时向内收缩，可以不用改变蒙版形状即可调整蒙版大小。
- 反转：勾选该复选框，则蒙版范围以外的图像将显示，蒙版范围内的图像被隐藏。

7　按"Ctrl+S"键保存工作。拖动时间指针或按空格键，即可播放预览应用蒙版进行抠像合成后，原本的静态图像中咖啡冒着热气沸腾的动画效果。

5.1.2　实例 2　使用钢笔工具绘制蒙版

素材目录	光盘\实例文件\第 5 章\案例 5.1.2\Media\
项目文件	光盘\实例文件\第 5 章\案例 5.1.2\Complete\使用钢笔工具绘制蒙版.aep
案例要点	使用钢笔工具，可以创建由线段和控制柄构成的路径蒙版，并可以通过增加或删减路径顶点、调整路径顶点和控制柄的位置来改变蒙版的形状，得到任意形状的蒙版

1　在项目窗口的空白区域双击鼠标左键，打开"导入文件"对话框，选择本实例素材目录下准备的素材文件并导入。

2　在项目窗口中选择导入的视频素材并拖入时间轴窗口中，以该视频素材的属性创建一个合成，然后将导入的图像素材加入时间轴窗口中，作为抠像合成后的背景。

3　为方便接下来绘制蒙版时确定绘制范围，可以暂时先将视频素材图层的不透明度修改为 50%，以显示出下面图层中车窗的图像，如图 5-6 所示。

4　在工具栏中选择"钢笔工具" ，选择时间轴窗口中处于上层的视频图层，然后在合成窗口中参考下层图像中汽车前档车窗的边缘范围，绘制一个封闭的蒙版形状，在蒙版范

围内将显示该图层中原本的视频画面，如图 5-7 所示。

图 5-6　修改图层不透明度

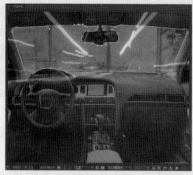 

图 5-7　绘制蒙版

5　在时间轴窗口中恢复视频图层的不透明度为 100%，然后使用钢笔工具对绘制的蒙版路径进行细节的调节和完善。可以根据需要，通过添加或删除路径顶点、移动路径顶点、调节顶点控制柄等操作来得到边缘流畅的蒙版路径，如图 5-8 所示。

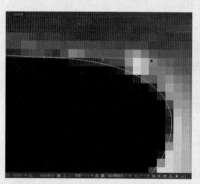 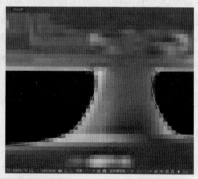

图 5-8　编辑蒙版路径细节

提示

在编辑路径形状的过程中，滚动鼠标中间的滑轮，可以随时对合成窗口中的视图缩放比例进行放大或缩小。按住鼠标中间的滑轮并拖动，可以随时切换到"手形工具"　，对视图范围进行平移，以方便更细致地查看编辑区域。

6　拖动时间指针进行播放预览，会发现汽车前挡车窗中的车流视频位置偏高，不能正常看见路面，可以通过先向下移动蒙版路径的位置，再向上移动视频图层到同样距离的操作解决：在时间轴窗口中双击视频图层中的"蒙版路径"，打开图层编辑窗口，保持蒙版路径的选择状态，按住 Shift 键并按 ↓ 键若干次，将蒙版的抠像范围移动到显示出合适的画面，如图 5-9 所示。

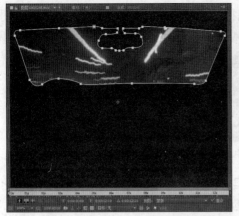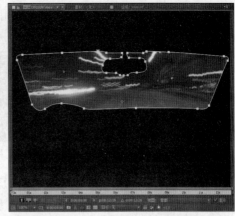

图 5-9　向下移动蒙版路径

　　7　双击项目窗口中的合成序列，打开合成窗口，选择时间轴窗口中的视频素材图层，按住 Shift 键并按↑键相同次数，将蒙版路径恢复到之前的显示位置，完成效果如图 5-10 所示。

图 5-10　向上移动蒙版路径

　　8　按"Ctrl+S"键保存工作。拖动时间指针或按空格键，即可播放预览应用蒙版进行抠像合成后，生成的汽车在夜晚的城市道路上高速行驶的动画效果。

5.1.3　实例 3　编辑蒙版关键帧动画

素材目录	光盘\实例文件\第 5 章\案例 5.1.3\Media\
项目文件	光盘\实例文件\第 5 章\案例 5.1.3\Complete\编辑蒙版关键帧动画.aep
案例要点	在时间轴窗口中选择绘制了蒙版的图层，单击"蒙版路径"选项前的"时间变化秒表"按钮，为蒙版在该位置创建关键帧，然后通过在其他时间位置对蒙版的形状进行改变，即可创建蒙版变形动画。同样，对蒙版的其他属性进行设置也可以创建关键帧动画，得到动态变化的蒙版效果

　　1　在项目窗口的空白区域双击鼠标左键，打开"导入文件"对话框，选择本实例素材目录下准备的素材文件并导入。
　　2　在项目窗口中选择导入的图像素材并拖入时间轴窗口中，以该图像素材的属性创建一个合成，然后将导入的视频素材加入时间轴窗口中的上层。

3 为方便接下来绘制蒙版时确定绘制范围，可以暂时先将视频素材图层的不透明度修改为 50%，然后将合成的工作区域结尾标记调整到与视频素材的出点对齐，如图 5-11 所示。

图 5-11　修改图层不透明度和合成的工作区域持续时间

4 选择时间轴窗口中处于上层的视频图层，在工具栏中选择"钢笔工具" ，然后在合成窗口中蜂鸟图像的前方位置，绘制一个含苞待放的花朵蒙版形状，如图 5-12 所示。

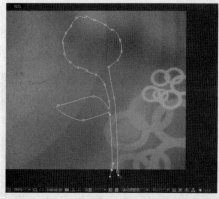

图 5-12　绘制蒙版

5 在时间轴窗口中恢复视频图层的不透明度为 100%，然后按 M 键展开视频图层的"蒙版"选项，按"蒙版路径"选项前面的"时间变化秒表"按钮，为其创建关键帧。将时间指针移动到第 2 秒的位置并添加关键帧，在合成窗口中对绘制的花朵蒙版形状进行编辑。对于尖突的顶点，可以使用"转换顶点工具" 将其转换为圆滑的顶点再进行路径曲线的造型，如图 5-13 所示。

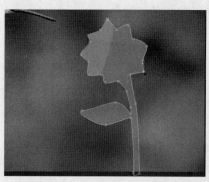

图 5-13　编辑蒙版路径

6 依次在第 4、第 6、第 8 秒的位置，在前一蒙版路径形状的编辑基础上添加关键帧并修改蒙版路径形状，编辑完成花朵逐渐开放的形状动画，如图 5-14 所示。

7 按"Ctrl+S"键保存工作。拖动时间指针或按空格键，即可播放预览编辑完成的蒙版形状变形关键帧动画效果。

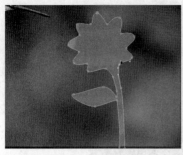

图 5-14 添加关键帧并编辑蒙版形状

5.1.4 实例 4 使用 Keylight 插件进行视频抠像

素材目录	光盘\实例文件\第 5 章\案例 5.1.4\Media\
项目文件	光盘\实例文件\第 5 章\案例 5.1.4\Complete\使用 Keylight 插件进行视频抠像.aep
案例要点	Keylight 是知名的影视后期抠像插件，集成在键控命令中，它是一个非常强大的色彩抠像插件，只需要非常简单的设置，即可完美地将画面中的指定颜色变为透明，非常适合用于有人物头发、半透明图像等细节部分的视频中

1 在项目窗口的空白区域双击鼠标左键，打开"导入文件"对话框，选择本实例素材目录下准备的素材文件并导入。

2 在项目窗口中选择导入的视频素材并拖入时间轴窗口中，以该视频素材的属性创建一个合成，然后将导入的图像素材加入时间轴窗口的最下层，作为抠像合成后的背景。

3 在时间轴窗口中选择视频素材图层，执行"效果→键控→Keylight（1.2）"命令，在"效果控件"面板中显示出该特效的选项后，单击"Screen Colour（屏幕色彩）"选项后面的吸管按钮，在鼠标光标改变形状后，在合成窗口中视频画面背景中的任意蓝色区域单击以吸取要清除的颜色，如图 5-15 所示。

图 5-15 设置要清除的背景色

4 对于背景色彩单纯的视频素材，基本上可以不用对其他选项参数进行调整即可得到完善的抠像效果。按"Ctrl+S"键保存工作，拖动时间指针或按空格键，即可播放预览编辑完成的抠像合成动画效果，如图 5-16 所示。

图 5-16　抠像蓝色背景的合成效果

5.1.5　实例 5　使用亮度键特效抠除黑色背景

素材目录	光盘\实例文件\第 5 章\案例 5.1.5\Media\
项目文件	光盘\实例文件\第 5 章\案例 5.1.5\Complete\使用亮度键特效抠除黑色背景.aep
案例要点	亮度键特效可以根据图像中像素间亮度的不同来进行抠像，可以选择抠除较亮的区域或较暗的区域，适用于图像中主体对象的图像亮度与背景差异较大的抠像编辑

　　1　在项目窗口的空白区域双击鼠标左键，打开"导入文件"对话框，选择本实例素材目录下准备的素材文件并导入。

　　2　在项目窗口中选择导入的视频素材并拖入时间轴窗口中，以该视频素材的属性创建一个合成，然后将导入的图像素材加入时间轴窗口中，作为抠像合成后的背景，并在时间轴窗口中将其缩小到 50%大小，如图 5-17 所示。

图 5-17　设置缩放参数

　　3　在时间轴窗口中选择视频素材图层，执行"效果→键控→亮度键"命令，在"效果控件"面板中显示出该特效的选项后，单击"键控类型"选项后面的下拉列表并选择"抠出较暗区域"选项，选择清除视频素材中亮度较低的像素，如图 5-18 所示。

　　4　参考合成窗口中视频素材图像中黑色背景的清除程度，设置"阈值"选项的参数值为 15，设置"薄化边缘"选项的数值为 1，对抠除黑色背景后留下的落叶图像边缘进行 1 个像素的清除。设置"羽化边缘"选项的数值为 1，对抠像后的图像边缘进行适当的柔化处理，如图 5-19 所示。

- 键控类型：选择亮度差异抠像的模式，根据图像中前景色和背景色的亮度差异类型来选择。
- 阈值：设置抠像程度的大小。
- 容差：设置抠像颜色的容差范围。
- 薄化边缘：在生成 Alpha 图像后再沿边缘向内或向外清除若干层像素，以修补图像的 Alpha 通道。

图 5-18　设置键控类型

图 5-19　设置键控参数

● 羽化边缘：对生成的 Alpha 通道进行羽化边缘处理，使蒙版更柔和。

5 按"Ctrl+S"键保存工作，拖动时间指针或按空格键，即可播放预览编辑完成的抠像合成动画效果，如图 5-20 所示。

图 5-20　抠像合成完成效果

5.1.6　实例 6　使用颜色键特效抠除单色背景

素材目录	光盘\实例文件\第 5 章\案例 5.1.6\Media\
项目文件	光盘\实例文件\第 5 章\案例 5.1.6\Complete\使用颜色键特效抠除单色背景.aep
案例要点	颜色键特效可以设置或指定素材图像中某一像素的颜色，将图像中相同的颜色全部去除，从而产生透明的通道，是一种最简单实用的色彩抠像方法

1 在项目窗口的空白区域双击鼠标左键，打开"导入文件"对话框，选择本实例素材目录下准备的素材文件并导入。

2 在项目窗口中选择导入的视频素材并拖入时间轴窗口中，以该视频素材的属性创建一个合成，然后将导入的图像素材加入时间轴窗口中，作为抠像合成后的背景。

3 选择视频素材图层，执行"效果→键控→颜色键"命令，在"效果控件"面板中显示出该特效的选项后，单击"主色"选项后面的吸管按钮，在鼠标光标改变形状后，在合成窗口中视频画面背景中的任意蓝色区域单击以吸取要清除的颜色，如图 5-21 所示。

4 参考合成窗口中视频素材图像中蓝色背景的清除程度，设置"颜色容差"选项的参数值为 25，再设置"羽化边缘"选项的数值为 1，对抠像后的图像边缘进行适当的柔化处理，如图 5-22 所示。

5 按"Ctrl+S"键保存工作，拖动时间指针或按空格键，即可播放预览编辑完成的抠像合成动画效果。

图 5-21 设置要清除的背景色

图 5-22 抠像合成完成效果

5.1.7 实例 7 使用线性颜色键和颜色差值键抠像

素材目录	光盘\实例文件\第 5 章\案例 5.1.7\Media\
项目文件	光盘\实例文件\第 5 章\案例 5.1.7\Complete\使用线性颜色键和颜色差值键抠像.aep
案例要点	在实际的编辑工作中，要进行抠像处理的图像素材常常不是单纯的背景，会存在色相、亮度方面的差异，要得到更好的抠像效果，就需要根据实际情况来使用多个键控特效配合工作。本实例中应用的线性颜色键特效，可以选择图像中多个不同亮度的区域周围抠像范围，适用于清除同一色相但有饱和度差异的线性渐变背景。颜色差值键特效，通过将图像划分为 A 和 B 两个部分，分别在 A 图像和 B 图像中用吸管指定需要变成透明的不同颜色，得到两个黑白蒙版，最后将这两个蒙版合成，得到素材抠像后的 Alpha 通道，特别适用于清除主体对象的阴影或较暗的背景

　　1　在项目窗口的空白区域双击鼠标左键，打开"导入文件"对话框，选择本实例素材目录下准备的素材文件并导入。

　　2　在项目窗口中选择导入的视频素材并拖入时间轴窗口中，以该视频素材的属性创建一个合成，然后将导入的图像素材加入时间轴窗口中的最上层，本实例将抠除该图像中的蓝色背景，如图 5-23 所示。

　　3　选择时间轴窗口中的图层 1，执行"效果→键控→线性颜色键"命令，在"效果控件"面板中显示出该特效的选项后，单击"主色"选项后面的吸管按钮，在鼠标光标改变形状后，在合成窗口中画面背景的下方亮度较高的蓝色区域吸取要清除的主要颜色，如图 5-24 所示。

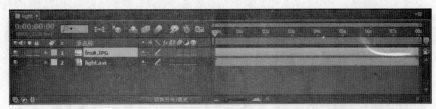

图 5-23　编排素材

图 5-24　设置要清除的主色

4　在"效果控件"面板中单击预览视图中间带加号的吸管工具（第二个），然后在合成窗口中其他还没有清除的较暗蓝色区域上单击，加选要变成透明的像素区域，直到背景色基本清除，如图 5-25 所示。

图 5-25　执行线性颜色键抠像

5　为图像素材图层添加"效果→键控→颜色差值键"效果，在"效果控件"面板中，选择该效果在预览区域之间的"黑色区域"（第二个）吸管按钮，在鼠标光标改变形状后，在合成窗口中水果图像下方的阴影区域单击以吸取要清除的阴影颜色，如图 5-26 所示。

- 预览：左边的是原素材图，右边的是 A、B 两个遮罩及最终合成的 Alpha 通道的内容，可以通过单击下面的 A、B 及 α 按钮来选择。
- 视图：设置右边合成视窗中要显示的内容，如显示原素材（源）、校正前的遮罩通道（未校正遮罩部分 A/B）、校正后的遮罩通道（已校正遮罩部分 A/B）、最终输出、未/已校正遮罩等，如图 5-27 所示。
- 主色：设置需要抠除的颜色。可以单击后面的色块来设置，也可以选择吸管后进行吸取。

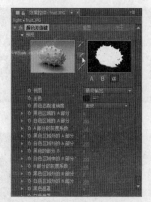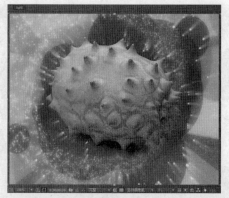

图 5-26　吸取要清除的阴影区域

图 5-27　"已校正[A,B,遮罩]"预览窗口

- 颜色匹配准确度：选择"更快"可以快速显示结果，但不够精细；选择"更准确"则会显示更精确的结果，但要花费更多运算时间。
- 黑/白色区域的 A 部分：设置 A 蒙版的非溢出黑/白平衡。
- A 部分的灰度系数：设置 A 遮罩的伽玛校正值。
- 黑/白色区域外的 A 部分：设置 A 遮罩的溢出黑/白平衡。
- 黑/白色区域中的 B 部分：设置 B 遮罩的非溢出黑/白平衡。
- B 部分的灰度系数：设置 B 遮罩的伽玛校正值。
- 黑/白色区域外的 B 部分：设置 B 遮罩的溢出黑/白平衡。
- 黑/白色遮罩：设置合成遮罩的非溢出黑/白平衡。
- 遮罩灰度系数：设置合成遮罩的伽玛校正值。

6　设置好要清除的图像色彩对应像素后，得到基本完善的抠像效果，接下来可以通过调整两个抠像特效的选项参数，得到更加完善的抠像合成效果。

7　按"Ctrl+S"键保存工作，拖动时间指针或按下空格键，即可播放预览编辑完成的抠像合成动画效果。

5.1.8　实例 8　使用 Roto 笔刷工具抠除静态背景

素材目录	光盘\实例文件\第 5 章\案例 5.1.8\Media\
项目文件	光盘\实例文件\第 5 章\案例 5.1.8\Complete\使用 Roto 笔刷工具抠除静态背景.aep
案例要点	Roto 笔刷工具是 After Effects CC 中新增的抠像工具,可以将运动主体从背景中分离出来,适用于主体对象处于运动状态,而背景相对静止的视频内容抠像

1　在项目窗口的空白区域双击鼠标左键，打开"导入文件"对话框，选择本实例素材目录下准备的素材文件并导入。

2　在项目窗口中选择导入的视频素材并拖入时间轴窗口中，以该视频素材的属性创建一个相同设置的合成项目，如图 5-28 所示。

3　按"Ctrl+K"键打开"合成设置"对话框，将合成的持续时间修改为 2 秒，如图 5-29 所示。

图 5-28　用素材创建合成

图 5-29　修改持续时间

4　为了方便查看抠像前后的效果对比，这里先对素材图层进行复制。选择时间轴窗口中的视频素材图层并按"Ctrl+D"键，对其进行复制然后将复制得到的图层对齐到下层图层的出点，使它们前后相连，如图 5-30 所示。

图 5-30　复制图层

5　双击复制得到的新图层，进入其图层编辑窗口。在工具栏中选择 Roto 笔刷工具，在需要抠除的背景区域上绘制出封闭区域，After Effects 将根据绘制区域的像素特征进行自动运算，并用紫色线条标示出将会被保留的区域，如图 5-31 所示。

图 5-31　绘制抠像区域

6　使用 Roto 笔刷工具圈选其他背景区域，直到紫色线条标示区域与前景人物分离开来，如图 5-32 所示。

7　由于画面中人物戴的黑色帽子与该区域背景像素相似，所以也被圈入抠像处理区域，可以在按住 Alt 键的同时，沿人物帽子内边缘绘制一个区域，将其从圈选区域恢复，如图 5-33 所示。

图 5-32　分离前景与背景

图 5-33　修整抠像区域

8　展开合成预览窗口，拖动时间指针，可以看见画面中的背景被保留，前景人物被抠除。这是因为默认情况下，紫色线条范围内为保留区域。在"效果控件"面板中勾选"反转前台/后台"复选框，即可将抠像区域反转，如图 5-34 所示。

图 5-34　反转抠像区域

9　向后拖动时间指针进行预览，可以发现在素材图层的第 20 帧时，抠像效果失效。这是因为在该时间位置时的画面前景色发生了明显变化，与背景色的像素发生了交叉混合，此时可以继续使用 Roto 笔刷工具对背景区域进行补充圈选，用同样的方法再次分离出前景色与背景色，如图 5-35 所示。

图 5-35　补充抠像

　　10 在"效果控件"面板中设置"Roto 笔刷遮罩"的选项参数，如抠像边缘的"羽化"、"对比度"或"移动边缘"参数值，得到更完善的抠像效果，完成效果如图 5-36 所示。

图 5-36　调整抠像边缘

　　11 按"Ctrl+S"键保存工作，拖动时间指针或按空格键，即可播放预览编辑完成的抠像合成动画效果。

5.2　项目应用

5.2.1　项目 1　蒙版动画特效编辑——霓裳倩影 Show

素材目录	光盘\实例文件\第 5 章\项目 5.2.1\Media\
项目文件	光盘\实例文件\第 5 章\项目 5.2.1\Complete\霓裳倩影 Show.aep
输出文件	光盘\实例文件\第 5 章\项目 5.2.1\Export\霓裳倩影 Show.flv
操作点拨	本实例是为一档时尚服饰主题栏目设计制作的栏目包装片头动画，主要通过为多个内容相同但颜色依次变化的图层编辑相同的蒙版动画，并设置序列化层叠播放得到次第展开的蒙版动画特效 (1) 调整图层、合成的持续时间到符合影片编辑的需要 (2) 为起始文字图像图层绘制蒙版并编辑关键帧动画，然后将其复制给其他文字图像图层，使所有文字图像都具有相同形式的蒙版动画 (3) 选择所有文字图像图层并应用序列化处理，使从下到上的各个文字图像图层之间相隔 1 秒开始次第播放 (4) 对最后两个文字图像图层中的蒙版动画分别进行开始位置的调整，使影片的动画效果具有更丰富的变化 (5) 为所有文字图像图层添加外发光图层样式并设置合适的发光色，得到更加美观的特效影像动态效果

本实例的最终完成效果如图 5-37 所示。

图 5-37　影片完成效果

1　在项目窗口的空白区域双击鼠标左键，打开"导入文件"对话框，导入本实例素材目录中准备的"NS.psd"文件，并在弹出的对话框中设置将该 PSD 图像文件以"合成"的方式导入，如图 5-38 所示。

图 5-38　以"合成"方式导入素材文件

2　按"Ctrl+I"键，打开"导入文件"对话框，选择本实例素材目录下准备的其他素材文件。

3　按"Ctrl+S"键，在打开的"保存为"对话框中为项目文件命名并保存到电脑中指定的目录。

4　在项目窗口中双击合成项目："NS"，打开其时间轴窗口，查看其图层内容的组成，如图 5-39 所示。分别双击各图层，可以在图层编辑窗口中查看各图层的图像内容。

图 5-39　查看合成内容

　　5　将项目窗口中的视频素材加入时间轴窗口中的最下层，作为影片的背景画面。然后选择所有文字图像图层，将其出点向前调整到第 12 秒结束，与底层视频素材图层的出点对齐，如图 5-40 所示。

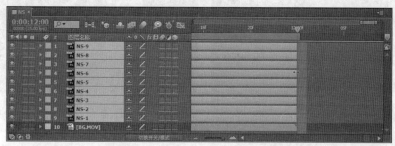

图 5-40　修剪图像素材图层的持续时间

　　6　按 "Ctrl+K" 键打开 "合成设置" 对话框，将合成项目的持续时间修改为 12 秒，如图 5-41 所示。

　　7　双击图层 "NS-1"，打开其图层编辑窗口。在工具栏中选择 "椭圆工具" 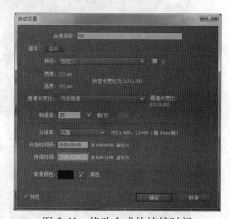，在窗口中文字图像的中心上，按住 Shift 键并绘制出一个小的圆形蒙版。注意：在文字图像中的空白处绘制，不要覆盖文字的图像范围，如图 5-42 所示。

　　8　在时间轴窗口中展开图层的 "蒙版" 选项组，单击 "蒙版路径" 选项前的 "时间变化秒表" 按钮 ，在开始位置创建关键帧。将时间指针移动到 2 秒的位置，然后使用 "选择工具" 双击窗口中的蒙版，进入

图 5-41　修改合成的持续时间

其形状大小调整状态。在按住 "Ctrl+Shift" 键的同时，按住并拖动蒙版边缘的控制点，等比放大蒙版到完全显示出文字图像，如图 5-43 所示。

图 5-42　绘制蒙版

　　9　将时间指针定位在开始位置，在 "图层名称" 窗格中选择 "蒙版路径" 选项并按 "Ctrl+C" 键对其复制。展开图层 "NS-2 的" 选项组并按 "Ctrl+V" 键执行粘贴，将同样的蒙版形状关键帧动画复制给图层 "NS-2"，如图 5-44 所示。

　　10　双击图层 "NS-2"，进入其图层编辑窗口，拖动时间指针，即可查看复制应用到该图层上的蒙版动画效果，如图 5-45 所示。

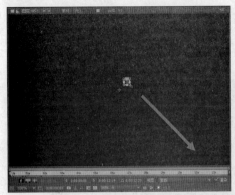

图 5-43　编辑关键帧上的蒙版形状

图 5-44　复制关键帧

图 5-45　预览复制应用的蒙版

11 使用同样的方法，为其余的所有文字图像图层复制应用同样的蒙版关键帧动画，完成效果如图 5-46 所示。

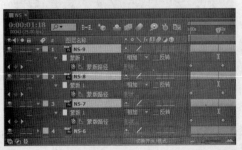

图 5-46　编辑蒙版形状变化动画

12 在时间轴窗口中从下向上选择所有图层，执行"动画→关键帧辅助→序列图层"命令，在弹出的"序列图层"对话框中勾选"重叠"选项，然后设置重叠持续时间为 0:00:11:00，即得到从下到上的各个图层之间相隔 1 秒开始播放的效果，如图 5-47 所示。

13 对合成结束位置的蒙版动画效果进行一些变化调整。选择图层"NS-8"并按 M 键，展开其蒙版选项组，暂时将该蒙版的合成模式修改为"无"，以方便修改蒙版动画时查看蒙版路径变化，如图 5-48 所示。

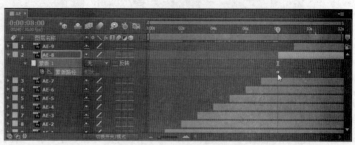

图 5-47　为蒙版路径描边　　　　　　　　图 5-48　序列化图层

14 双击图层"NS-8"，打开其图层编辑窗口，将其在开始关键帧的蒙版移动到文字图像的左下方，如图 5-49 所示。

图 5-49　修改蒙版动画开始位置

15 双击图层"NS-9"，打开其图层编辑窗口，将其在开始关键帧的蒙版移动到文字图像的右上方，如图 5-50 所示。

图 5-50　修改蒙版动画开始位置

16 将图层"NS-8"、"NS-9"的蒙版合成模式都恢复为"相加",在时间轴窗口中拖动时间指针,在合成窗口中浏览修改蒙版动画后的影片效果,如图 5-51 所示。

图 5-51　预览影片效果

17 在时间轴窗口中选择所有文字图像图层,执行"图层→图层样式→外发光"命令,为所有文字图像添加外发光效果。保持对所有文字图像图层的选择状态,在时间轴窗口中展开一个文字图层的属性选项,将添加的外发光样式效果的颜色设置为水蓝色,完成效果如图 5-52 所示。

图 5-52　添加外发光图层样式

18 将项目窗口中的音频素材加入时间轴窗口中的最下层,作为影片的背景音乐,完成影片文件的编辑工作。

19 按"Ctrl+S"键保存项目。按"Ctrl+M"键,打开"渲染队列"面板,设置合适的渲染输出参数,将编辑好的合成项目输出成影片文件,欣赏影片完成效果,如图 5-53 所示。

图 5-53　影片完成效果

5.2.2　项目 2　键控特效综合抠像编辑——海岸清风

素材目录	光盘\实例文件\第 5 章\项目 5.2.2\Media\
项目文件	光盘\实例文件\第 5 章\项目 5.2.2\Complete\海岸清风.aep

输出文件	光盘\实例文件\第 5 章\项目 5.2.2\Export\海岸清风.flv
操作点拨	在实际的影视项目拍摄制作工作中，拍摄的用于特技场景合成的绿底或蓝底视频素材，常常会存在背景色有多处明暗不同，并且还会有其他杂物的图像。在进行抠像合成时，除了可以选择合适的键控特效并设置相关参数来完成背景图像的清除外，还可以配合利用蒙版功能去掉不需要的其他图像部分 (1) 在时间轴窗口中编排素材，对序列图像素材的画面大小进行适合影片尺寸的调整修改 (2) 为绿底序列图像添加键控特效并设置合适的选项参数，得到完善的抠像效果 (3) 通过绘制蒙版来去掉序列素材中的杂物图像，得到需要的主体对象 (4) 对蒙版的边缘进行羽化设置，使抠像后的前景图像与背景图像更自然地融合

本实例的最终完成效果如图 5-54 所示。

图 5-54 影片完成效果

1 在项目窗口的空白区域双击鼠标左键，打开"导入文件"对话框，选择本实例素材目录下"绿底吹风"文件夹中的第一个图像文件，勾选"PNG 序列"复选框并单击"导入"按钮，将该文件夹中准备的序列动态素材导入项目窗口中，如图 5-55 所示。

2 按"Ctrl+I"键，打开"导入文件"对话框，选择本实例素材目录下准备的其他素材文件并导入。

3 双击项目窗口中导入的序列动态素材，将其在素材窗口中打开，拖动时间指针对其动画内容进行播放预览，如图 5-56 所示。

图 5-55 导入序列图像　　　　　　　　图 5-56 预览序列动态素材

4 按"Ctrl+N"键，新建一个视频制式为 PAL DV，持续时间为 00:00:18:10 的合成。

5　将序列图像素材加入时间轴窗口中两次，并将它们前后相接排列，方便查看添加抠像特效前后的效果对比。将图像素材和音频素材加入时间轴窗口中，作为影片背景，如图 5-57 所示。

图 5-57　编排素材

6　同时选择两个序列图像的图层并按 S 键，展开其"缩放"选项。单击选项数值前面的"约束比例" 开关，取消对缩放比例的等比约束，然后设置序列图像图层的缩放大小为82%、80%，将合成窗口中的序列图像的大小调整到与合成画面一致，如图 5-58 所示。

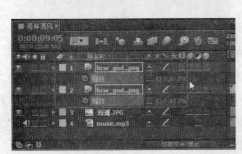

图 5-58　调整图层大小

7　在"效果和预设"面板中展开"键控"文件夹并选择 Keylight（1.2）效果，将其按住并拖动到时间轴窗口中的第二段序列图像图层上，为其添加该键控特效，如图 5-59 所示。

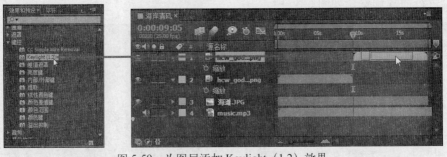

图 5-59　为图层添加 Keylight（1.2）效果

8　将时间指针定位到第二段序列图像图层的开始位置，在"效果控件"面板中单击Keylight（1.2）效果选项中"Screen Colour（屏幕色彩）"选项后面的吸管按钮，在合成窗口中的绿色背景上单击，吸取要清除的颜色，如图 5-60 所示。

9　在"效果控件"面板中，设置 Keylight（1.2）效果选项中的"Screen Gain（屏幕增益）"数值为 115，对抠像后的背景中残余的灰白像素进行抑制，如图 5-61 所示。

图 5-60　设置键控颜色

图 5-61　设置背景灰白抑制（暂时关闭背景图像图层的显示，以方便查看效果）

10 选择图层 1，在工具栏中选择"钢笔工具"，在合成窗口中沿人物的图像周围绘制一个封闭的蒙版，将场景中其他不需要的图像清除掉，如图 5-62 所示。

图 5-62　绘制蒙版

11 按 M 键，展开图层 1 的"蒙版"选项，设置"蒙版羽化"的数值为 35 像素，使蒙版边缘在一定距离内变得柔和，与背景图像更自然地融合，如图 5-63 所示。

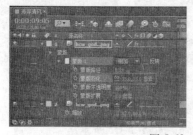

图 5-63　设置蒙版边缘羽化

12 选择文字工具并输入标题文字，通过"字符"面板为其设置字体、字号、填充色等属性，然后为其添加投影图层样式，放置在画面中合适的位置，如图 5-64 所示。

图 5-64　编辑标题文字

13 按"Ctrl+S"键保存项目。按"Ctrl+M"键，打开"渲染队列"面板，设置合适的渲染输出参数，将编辑好的合成项目输出成影片文件，欣赏影片完成效果，如图 5-65 所示。

5.3　练习题

1. 通过创建蒙版关键帧动画编辑创意影片

蒙版功能不仅可以用于抠像，只要实现创意与动画的完美配合，也可以制作出精彩的动画影片。

图 5-65　影片完成效果

打开本书配套光盘中的实例文件\第 5 章\练习 5.3.1\Export\快乐舞动.mp4 文件，如图 5-66 所示，利用本练习实例素材目录下准备的文件，应用本章中学习的蒙版关键帧动画编辑方法，完成此实例的制作。

图 5-66　观看影片完成效果

1　本练习中需要应用多层次的合成嵌套来完成。首先编辑人物剪影跳舞的合成，绘制人物剪影形状的蒙版后，为其创建跳舞的关键帧动画，如图 5-67 所示。

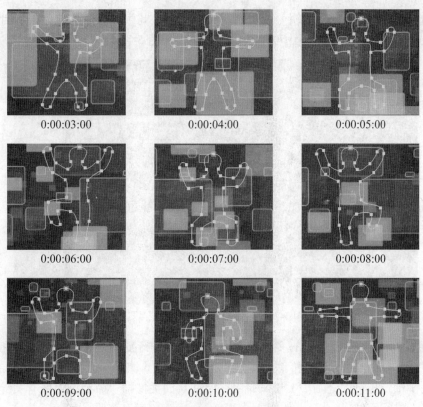

图 5-67 编辑蒙版形状变化动画

2 应用时间伸缩功能，缩短跳舞人像的图层时间，得到快节奏的跳舞动画。

3 为编辑好动画效果的蒙版添加描边图层样式，选择绘制的蒙版作为描边路径，如图 5-68 所示。

图 5-68 设置蒙版边缘描边

4 在新建的合成中，将编辑好的跳舞人像合成加入多次到其中并进行图层前后衔接的序列化处理，得到持续时间足够长的舞者跳舞动画，如图 5-69 所示。

图 5-69 编辑长时间的跳舞动画

5　在新建的合成中，将编辑好的舞者跳舞合成嵌入其中，在进行复制的同时调整图像到合适的大小，得到在缩放过程中增加数量的效果，如图 5-70 所示。

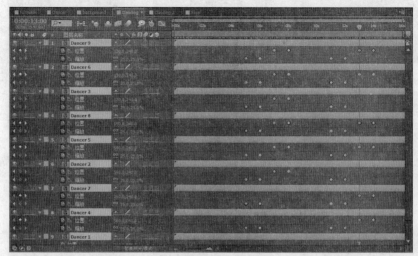

图 5-70　编辑舞者的复制克隆效果

6　在项目窗口中对编辑好的多个舞者跳舞的合成进行复制，打开新复制得到的合成的时间轴窗口，选择图层并展开它们的"位置"和"缩放"属性，然后选择这些图层的所有位置、缩放关键帧，执行"动画→关键帧辅助→时间反向关键帧"命令，对所有关键帧的参数在时间位置上进行反转。

7　按下 P 键，展开这些图层的"位置"属性，然后用鼠标将这些图层的位置关键帧调整到合适的位置，即得到多个舞者跳舞过程中逐级放大并变少的反向动画效果，如图 5-71 所示。

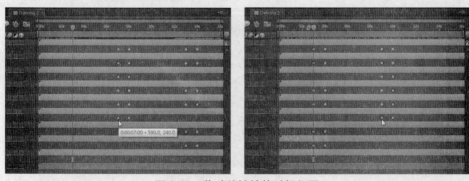

图 5-71　移动关键帧的时间位置

8　将编辑好的两个或多个舞者跳舞合成嵌入到一个新建的合成中并前后相接编排，得到舞者跳舞逐渐复制增多，然后逐渐减少放大到开始状态的影片效果。

2. 运用多个键控特效编辑抠像合成影片

在实际工作中进行键控抠像项目的编辑时，要根据抠像对象素材的实际图像情况选择合适的键控效果，必要时需要配合使用多个键控特效来得到完善的抠像效果。打开本书配套光盘中的实例文件\第 5 章\练习 5.3.2\Export\绿屏抠像.flv 文件，如图 5-72 所示，利用本练习实例素材目录下准备的文件，应用本章中学习的键控效果抠像编辑方法，完成此实例的制作。

图 5-72　观看影片完成效果

1　为需要进行键控抠像处理的图层添加"键控→颜色范围"特效，在"效果控件"面板中按下吸管按钮，单击合成窗口中画面背景上的绿色部分，再使用带加号的吸管多次单击背景中残留的绿色部分，直至背景中的绿色像素基本全部变透明，然后调整"模糊"参数，使抠像边缘像素变得平滑，如图 5-73 所示。

图 5-73　清除绿色背景

2　经过初步的抠像处理后，画面中背景色与前景色相接的边缘还残留着一些绿色，可以通过继续添加抠像特效进行细节完善。再为素材图层添加"溢出抑制"键控特效，使用吸管工具选择前景图像边缘的淡绿像素，然后调整"抑制"参数的值，将前景图像边缘残留的绿色调整为与环境色接近，即得到更完善的抠像效果，如图 5-74 所示。

图 5-74　抑制抠像边缘残留颜色

第6章　色彩校正与调整

 本章重点

➢ 应用保留颜色效果编辑视频

➢ 应用更改为颜色效果编辑视频

➢ 应用黑色和白色效果编辑视频

➢ 应用亮度和对比度效果编辑视频

➢ 应用曲线效果编辑视频

➢ 应用三色调效果编辑视频

➢ 应用色光效果编辑视频

➢ 应用色阶效果编辑视频

➢ 应用色相/饱和度效果编辑视频

➢ 应用自然饱和度效果编辑视频

➢ 颜色校正特效关键帧动画——会变色的鹦鹉

➢ 颜色校正特效综合应用——电影色彩效果

6.1　编辑技能案例训练

6.1.1　实例1　应用保留颜色效果编辑视频

素材目录	光盘\实例文件\第 6 章\案例 6.1.1\Media\
项目文件	光盘\实例文件\第 6 章\案例 6.1.1\Complete\应用保留颜色效果编辑视频.aep
案例要点	After Effects CC 提供了 33 个颜色校正特效命令，可以在影视后期编辑工作中，对视频影像进行色彩问题的调整校正，或者根据创意需要为影片画面添加独特的变色效果，还可以利用添加关键帧来创建丰富的色彩变化动画。"保留颜色"特效可以指定图像中需要保留的颜色，将其他颜色的像素变为灰度

1　在项目窗口的空白区域双击鼠标左键，打开"导入文件"对话框，选择本实例素材目录下准备的素材文件并导入。

2　将项目窗口中的视频素材直接拖入空白的时间轴窗口中，应用其视频属性创建合成。

3　为方便进行影像色彩调整前后的效果对比，按"Ctrl+K"键打开"合成设置"对话框并将合成的持续时间修改为之前的两倍，再次加入该视频素材到合成中的上层，并放置在前一视频素材的出点开始位置，如图 6-1 所示。

4　选择图层 1 并执行"效果→颜色校正→保留颜色"命令，为图层 1 中的视频素材添加该特效。在"效果控件"面板中单击"要保留的颜色"选项后面的吸管按钮，然后在合成窗口中的红色花朵上吸取要保留的颜色，设置"脱色量"的数值为 100%，并为"容差"、"边

缘柔和度"选项设置适当的数值,得到视频素材中除了红色以外的像素都变成灰度色的效果,如图 6-2 所示。

图 6-1 编排时间轴窗口中的素材

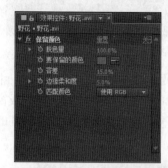

图 6-2 添加特效并设置效果参数

- 脱色量:设置颜色消除的程度。
- 要保留的颜色:设置或选择保留的颜色。
- 容差:设置颜色相似的程度。
- 边缘柔和度:设置边缘柔化程度。
- 匹配颜色:选择颜色匹配的方式。

5 按"Ctrl+S"键保存工作。展开合成窗口,拖动时间指针或按空格键,即可播放为视频素材添加"保留颜色"特效并设置选项参数进行色彩调整后的效果对比,如图 6-3 所示。

图 6-3 播放预览颜色调整处理效果

6.1.2 实例 2 应用更改为颜色效果编辑视频

素材目录	光盘\实例文件\第 6 章\案例 6.1.2\Media\
项目文件	光盘\实例文件\第 6 章\案例 6.1.2\Complete\应用更改为颜色效果编辑视频.aep
案例要点	"更改为颜色"特效可以用另外的颜色来替换图像中指定的颜色,并能调节修改图像色彩,是影视作品后期处理中比较常用的色彩校正效果

1 在项目窗口的空白区域双击鼠标左键,打开"导入文件"对话框,选择本实例素材

目录下准备的素材文件并导入。

2 将项目窗口中的视频素材直接拖入空白的时间轴窗口中，应用其视频属性创建合成。

3 为方便进行影像色彩调整前后的效果对比，按"Ctrl+K"键打开"合成设置"对话框，将合成的持续时间修改为之前的两倍，再次加入该视频素材到合成中的上层，并放置在前一视频素材的出点位置开始，如图 6-4 所示。

图 6-4　编排时间轴窗口中的素材

4 选择图层 1 并执行"效果→颜色校正→更改为颜色"命令，为图层 1 中的视频素材添加该特效。在"效果控件"面板中单击"自"选项后面的吸管按钮，在合成窗口中菊花的橙黄色花瓣上吸取要修改的颜色，单击"收件人"选项后面的颜色块，在打开的拾色器对话框中设置要改变的目标颜色为蓝色，如图 6-5 所示。

图 6-5　添加特效并设置要更改的颜色

- 自：选择需要改变的颜色。
- 收件人：选择要替换成的新颜色。
- 更改：选择特效要应用的 HLS 通道。
  - ➢ 色相：表示只有色调通道受影响。
  - ➢ 色相和亮度：表示只有色调和亮度通道受影响。
  - ➢ 色相和饱和度：表示只有色调和饱和度通道受影响。
  - ➢ 色相、亮度和饱和度：表示图像的所有外观信息都受影响。
- 更改方式：选择特效颜色改变的方式。
  - ➢ 设置为颜色：表示将原图颜色的像素直接转换为目标色。
  - ➢ 变换为颜色：表示调用 HLS 的插值信息来将原图颜色转换为新的颜色。
- 容差：设置特效影响图像的范围。
- 柔和度：设置颜色改变区域边缘的柔和程度。
- 查看校正遮罩：设置是否使用改变颜色后的灰度蒙版来观察色彩的变化程度和范围。

5 设置"容差"选项组中"色相"选项的参数值为 10%，增加特效所作用色彩的影响程度，使图像中所有的橙黄色都变成蓝色。

6 按"Ctrl+S"键保存工作。展开合成窗口，拖动时间指针或按空格键，即可播放为视频素材添加"更改为颜色"特效并设置选项参数进行色彩调整后的效果对比，如图 6-6 所示。

图 6-6 播放预览颜色调整处理效果

6.1.3 实例 3 应用黑色和白色效果编辑视频

素材目录	光盘\实例文件\第 6 章\案例 6.1.3\Media\
项目文件	光盘\实例文件\第 6 章\案例 6.1.3\Complete\应用黑色和白色效果编辑视频.aep
案例要点	"黑色和白色"特效可以将图像中的色彩全部转换为黑白灰阶图像，并通过调整各个颜色通道的数值改变图像的亮度

1 在项目窗口的空白区域双击鼠标左键，打开"导入文件"对话框，选择本实例素材目录下准备的素材文件并导入。

2 将项目窗口中的视频素材直接拖入空白的时间轴窗口中，应用其视频属性创建合成。

3 为方便进行影像色彩调整前后的效果对比，按"Ctrl+K"键，打开"合成设置"对话框，将合成的持续时间修改为之前的两倍，再次加入该视频素材到合成中的上层，并放置在前一视频素材的出点位置开始，如图 6-7 所示。

图 6-7 编排时间轴窗口中的素材

4 选择图层 1 并执行"效果→颜色校正→黑色和白色"命令，为图层 1 中的视频素材添加该特效。在"效果控件"面板中根据需要设置各个颜色通道的亮度，勾选"淡色"复选框后，可以在"色调颜色"选项中设置一种色彩，为视频素材添加单色着色效果，如图 6-8 所示。

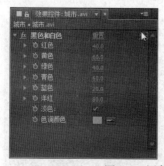

图 6-8 添加特效并设置效果参数

5 按"Ctrl+S"键保存工作。展开合成窗口，拖动时间指针或按空格键，即可播放为视

频素材添加"黑色和白色"特效并设置选项参数进行色彩调整后的效果对比，如图 6-9 所示。

图 6-9　播放预览颜色调整处理效果

6.1.4　实例 4　应用亮度和对比度效果编辑视频

素材目录	光盘\实例文件\第 6 章\案例 6.1.4\Media\
项目文件	光盘\实例文件\第 6 章\案例 6.1.4\Complete\应用亮度和对比度效果编辑视频.aep
案例要点	"亮度和对比度"特效主要用于调节图层中图像的整体亮度和色彩对比度

  1 在项目窗口的空白区域双击鼠标左键，打开"导入文件"对话框，选择本实例素材目录下准备的素材文件并导入。

  2 将项目窗口中的视频素材直接拖入空白的时间轴窗口中，应用其视频属性创建合成。

  3 为方便进行影像色彩调整前后的效果对比，按"Ctrl+K"键打开"合成设置"对话框，将合成的持续时间修改为之前的两倍，再次加入该视频素材到合成中的上层，并放置在前一视频素材的出点开始位置，如图 6-10 所示。

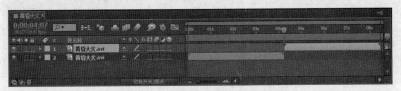

图 6-10　编排时间轴窗口中的素材

  4 选择图层 1 并执行"效果→颜色校正→亮度和对比度"命令，为图层 1 中的视频素材添加该特效。在"效果控件"面板中设置"亮度"的参数值为-40，"对比度"为 30，降低图像中像素的亮度，增强色彩的明暗对比度，如图 6-11 所示。

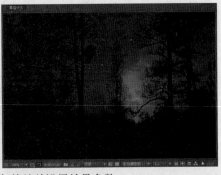

图 6-11　添加特效并设置效果参数

5 按"Ctrl+S"键保存工作。展开合成窗口，拖动时间指针或按空格键，即可播放为视频素材添加"亮度和对比度"特效并设置选项参数后，之前的黄昏场景变成夜晚场景的效果，如图 6-12 所示。

图 6-12 播放预览颜色调整处理效果

6.1.5 实例 5 应用曲线效果编辑视频

素材目录	光盘\实例文件\第 6 章\案例 6.1.5\Media\
项目文件	光盘\实例文件\第 6 章\案例 6.1.5\Complete\应用曲线效果编辑视频.aep
案例要点	该特效通过调整曲线来改变图像的色调，调节图像的暗部和亮部的平衡

1 在项目窗口的空白区域双击鼠标左键，打开"导入文件"对话框，选择本实例素材目录下准备的素材文件并导入。

2 将项目窗口中的视频素材直接拖入空白的时间轴窗口中，应用其视频属性创建合成。

3 为方便进行影像色彩调整前后的效果对比，按"Ctrl+K"键打开"合成设置"对话框，将合成的持续时间修改为之前的两倍，再次加入该视频素材到合成中的上层，并放置在前一视频素材的出点位置开始，如图 6-13 所示。

图 6-13 编排时间轴窗口中的素材

4 选择图层 1 并执行"效果→颜色校正→曲线"命令，为图层 1 中的视频素材添加该特效。在"效果控件"面板中选择需要调整的色彩通道，然后在下面的曲线图表中通过调整坐标曲线的路径，对视频素材的图像色调进行精细的明暗调整，如图 6-14 所示。

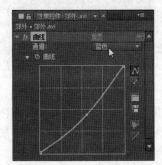 

图 6-14 添加特效并设置效果参数

- 通道：选择色彩通道，包括 RGB、红色、绿色、蓝色、Alpha。
- ：指向的曲线是贝塞尔曲线图标。拖动曲线上的点，图像色彩也随之改变。
- ：铅笔工具。使用铅笔工具在绘图区域中可以绘制任意形状的曲线。
- ：文件夹选项。单击后将打开文件夹，可以导入之前设置好的曲线。
- ：保存按钮。单击后保存设置好的曲线数据。
- ：平滑处理按钮。可以使曲线形状更规则。
- ：恢复默认按钮。单击后恢复初始状态。

5 按"Ctrl+S"键保存工作。展开合成窗口，拖动时间指针或按空格键，即可播放为视频素材添加"曲线"特效并调整色彩通道的曲线后的效果对比，如图 6-15 所示。

图 6-15 播放预览颜色调整处理效果

6.1.6 实例 6 应用三色调效果编辑视频

素材目录	光盘\实例文件\第 6 章\案例 6.1.6\Media\
项目文件	光盘\实例文件\第 6 章\案例 6.1.6\Complete\应用三色调效果编辑视频.aep
案例要点	"三色调"特效可以分别为图像中高光、中间色调、阴影的色彩指定新的自定义颜色，从而改变图像的原有色调

1 在项目窗口的空白区域双击鼠标左键，打开"导入文件"对话框，选择本实例素材目录下准备的素材文件并导入。

2 将项目窗口中的视频素材直接拖入空白的时间轴窗口中，应用其视频属性创建合成。

3 为方便进行影像色彩调整前后的效果对比，按"Ctrl+K"键打开"合成设置"对话框并将合成的持续时间修改为之前的两倍，再次加入该视频素材到合成中的上层，并放置在前一视频素材的出点开始位置，如图 6-16 所示。

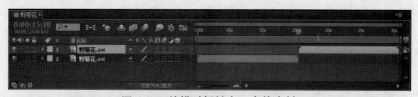

图 6-16 编排时间轴窗口中的素材

4 选择图层 1 并执行"效果→颜色校正→三色调"命令，为图层 1 中的视频素材添加该特效。在"效果控件"面板中单击"高光"、"中间调"、"阴影"选项后面的颜色块或吸管按钮，分别为图像中的高光、中间色调、阴影像素指定新的色彩。通过设置"与原始图像混合"选项的数值，可以设置应用的色彩调整效果与原图像之间的混合程度，如图 6-17 所示。

图 6-17　添加特效并设置效果参数

　　5　按"Ctrl+S"键保存工作。展开合成窗口，拖动时间指针或按空格键，即可播放为视频素材添加"三色调"特效并设置选项参数进行色彩调整后的效果对比，如图 6-18 所示。

图 6-18　播放预览颜色调整处理效果

6.1.7　实例 7　应用色光效果编辑视频

素材目录	光盘\实例文件\第 6 章\案例 6.1.7\Media\
项目文件	光盘\实例文件\第 6 章\案例 6.1.7\Complete\应用色光效果编辑视频.aep
案例要点	"色光"特效可以对像素的色彩进行转换，模拟鲜艳彩光、霓虹灯光色效果，也可以通过设置输出相位为单色通道来得到单色着色等效果

　　1　在项目窗口的空白区域双击鼠标左键，打开"导入文件"对话框，选择本实例素材目录下准备的素材文件并导入。

　　2　将项目窗口中的视频素材直接拖入空白的时间轴窗口中，应用其视频属性创建合成。

　　3　为方便进行影像色彩调整前后的效果对比，按"Ctrl+K"键打开"合成设置"对话框，将合成的持续时间修改为之前的两倍，再次加入该视频素材到合成中的上层，并放置在前一视频素材的出点位置开始，如图 6-19 所示。

图 6-19　编排时间轴窗口中的素材

　　4　选择图层 1 并执行"效果→颜色校正→色光"命令，为图层 1 中的视频素材添加该特效。在"效果控件"面板中根据需要设置"输入相位"、"输出循环"选项组中的选项，可以得到多种色彩调整效果，如图 6-20 所示。

 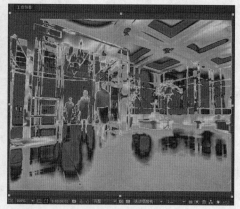

图 6-20　添加特效并设置效果参数

- 输入相位：选择输入色彩的相位。
- 获取相位自：选择以图像中指定通道的数值来产生彩色部分。
- 添加相位：选择时间轴中的其他素材层与原图合成。
- 添加相位自：选择需要添加色彩的通道类型。
- 添加模式：选择色彩的添加模式。
- 输出循环：设置色彩输出的风格化类型。通过色彩调节盘可以对色彩区域进行更精细的调整，底部的渐变矩形可以调节亮度。
- 修改：选择彩光影响当前图层颜色效果的方式。
- 像素选区：设置合成彩色部分中的某个色彩对原图像的影响程度。设置彩光在当前图层上产生色彩影响的像素范围。
- 蒙版：选择一个时间轴中的其他素材层作为蒙版层来与原图合成。

5　按"Ctrl+S"键保存工作。展开合成窗口，拖动时间指针或按空格键，即可播放为视频素材添加"色光"特效并设置选项参数进行色彩调整后的效果对比，如图 6-21 所示。

图 6-21　播放预览颜色调整处理效果

6.1.8　实例 8　应用色阶效果编辑视频

素材目录	光盘\实例文件\第 6 章\案例 6.1.8\Media\
项目文件	光盘\实例文件\第 6 章\案例 6.1.8\Complete\应用色阶效果编辑视频.aep
案例要点	"色阶"特效用于精细地调节图像中像素的灰阶亮度，常用于提高图像画面的亮度和色彩对比度，也可以通过为单个色彩通道进行调节来编辑画面的偏色效果

1 在项目窗口的空白区域双击鼠标左键，打开"导入文件"对话框，选择本实例素材目录下准备的素材文件并导入。

2 将项目窗口中的视频素材直接拖入空白的时间轴窗口中，应用其视频属性创建合成。

3 为方便进行影像色彩调整前后的效果对比，按"Ctrl+K"键打开"合成设置"对话框，将合成的持续时间修改为之前的两倍，再次加入该视频素材到合成中的上层，并放置在前一视频素材的出点位置开始，如图 6-22 所示。

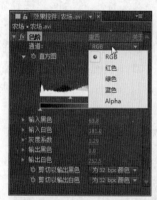

图 6-22　编排时间轴窗口中的素材

4 选择图层 1 并执行"效果→颜色校正→色阶"命令，为图层 1 中的视频素材添加该特效，在"效果控件"面板中选择需要的色彩通道并进行参数设置，如图 6-23 所示。

图 6-23　添加特效并设置效果参数

- 通道：选择需要修改的通道。
- 直方图：图像中像素的分布图。水平方向表示亮度值，垂直方向表示该亮度值的像素数量。黑色输出值是图像像素最暗的值，白色输出值是图像像素最亮的值。
- 输入黑色：设置输入图像黑色值的极限值。
- 输入白色：设置输入图像白色值的极限值。
- 灰度系数：设置输入与输出灰阶对比度。
- 输出黑色：设置输出图像黑色值的极限值。
- 输出白色：设置输出图像白色值的极限值。
- 剪切以输出黑色：减轻黑色输出效果。
- 剪切以输出白色：减轻白色输出效果。

5 按"Ctrl+S"键保存工作。展开合成窗口，拖动时间指针或按空格键，即可播放为视频素材添加"色阶"特效并设置选项参数进行色彩调整后的效果对比，如图 6-24 所示。

图 6-24　播放预览颜色调整处理效果

6.1.9　实例 9　应用色相/饱和度效果编辑视频

素材目录	光盘\实例文件\第 6 章\案例 6.1.9\Media\
项目文件	光盘\实例文件\第 6 章\案例 6.1.9\Complete\应用色相/饱和度效果编辑视频.aep
案例要点	"色相/饱和度"特效主要用于精细调整图像中像素的色相和饱和度，也可以选择单个色彩通道进行调整，可以更准确地得到想要的整体色调

1　在项目窗口的空白区域双击鼠标左键，打开"导入文件"对话框，选择本实例素材目录下准备的素材文件并导入。

2　将项目窗口中的视频素材直接拖入空白的时间轴窗口中，应用其视频属性创建合成。

3　为方便进行影像色彩调整前后的效果对比，按"Ctrl+K"键打开"合成设置"对话框，将合成的持续时间修改为之前的两倍，再次加入该视频素材到合成中的上层，并放置在前一视频素材的出点位置开始，如图 6-25 所示。

图 6-25　编排时间轴窗口中的素材

4　选择图层 1 并执行"效果→颜色校正→色相/饱和度"命令，为图层 1 中的视频素材添加该特效。在"效果控件"面板中选择需要进行色相、饱和度调整的色彩通道，然后通过修改主色相、主饱和度、主亮度等选项的数值，调整出需要的色彩效果，如图 6-26 所示。

图 6-26　添加特效并设置效果参数

- 通道控制：用于选择不同的图像通道。
- 通道范围：显示当前参数设置的色彩应用范围。
- 主色相：设置对整体色调的调整量。
- 主饱和度：设置饱和度。
- 主亮度：设置亮度数值。
- 彩色化：勾选该选项，可以将图像转换为单色图，并通过下面的选项设置需要的色彩效果。
- 着色色相：设置单色着色色相。
- 着色饱和度：设置单色着色的饱和度。
- 着色亮度：设置单色着色的亮度。

5　按"Ctrl+S"键保存工作。展开合成窗口，拖动时间指针或按空格键，即可播放为视频素材添加"色相/饱和度"特效并设置选项参数进行色彩调整后的效果对比，如图 6-27 所示。

图 6-27　播放预览颜色调整处理效果

6.1.10　实例 10　应用自然饱和度效果编辑视频

素材目录	光盘\实例文件\第 6 章\案例 6.1.10\Media\
项目文件	光盘\实例文件\第 6 章\案例 6.1.10\Complete\应用自然饱和度效果编辑视频.aep
案例要点	"自然饱和度"特效通过对图像中像素的色彩信息进行振动运算，使像素与周围像素的色彩信息产生融合，可以将摄像机拍摄的视频影像色彩还原得更自然鲜亮

1　在项目窗口的空白区域双击鼠标左键，打开"导入文件"对话框，选择本实例素材目录下准备的素材文件并导入。

2　将项目窗口中的视频素材直接拖入空白的时间轴窗口中，应用其视频属性创建合成。

3　为方便进行影像色彩调整前后的效果对比，按"Ctrl+K"键，打开"合成设置"对话框，将合成的持续时间修改为之前的两倍，再次加入该视频素材到合成中的上层，并放置在前一视频素材的出点位置开始，如图 6-28 所示。

图 6-28　编排时间轴窗口中的素材

4 选择图层 1 并执行"效果→颜色校正→自然饱和度"命令，为图层 1 中的视频素材添加该特效。在"效果控件"面板中通过调整"自然饱和度"选项的数值，设置图像中像素色彩的振动强度；适当增加"饱和度"的数值，提高图像中颜色融合的程度，如图 6-29 所示。

图 6-29　添加特效并设置效果参数

5 按"Ctrl+S"键保存工作。展开合成窗口，拖动时间指针或按空格键，即可播放为视频素材添加"自然饱和度"特效并设置选项参数进行色彩调整后的效果对比，如图 6-30 所示。

图 6-30　播放预览颜色调整处理效果

6.2　项目应用

6.2.1　项目 1　颜色校正特效关键帧动画——会变色的鹦鹉

素材目录	光盘\实例文件\第 6 章\项目 6.2.1\Media\
项目文件	光盘\实例文件\第 6 章\项目 6.2.1\Complete\会变色的鹦鹉.aep
输出文件	光盘\实例文件\第 6 章\项目 6.2.1\Export\会变色的鹦鹉.flv
操作点拨	在实际的影视后期编辑工作中，常用的颜色校正命令主要包括色彩的变换，以及色彩的饱和度、对比度、明暗的调整等，其他的特效命令通常只在有特殊效果需要时才使用。即使只使用一个特效命令，只要配合好参数的关键帧变化，也可以制作出漂亮的影片 （1）利用提前编辑好的 PSD 文件创建合成项目，对合成的属性进行修改 （2）为鹦鹉图像应用"色相/饱和度"特效并创建色彩循环变化的关键帧动画 （3）对编辑好了变色动画后的鹦鹉图像进行复制，为其创建并编辑单色着色的关键帧动画。通过编辑不透明度关键帧动画，得到图像在经过变色动画后恢复到初始色彩状态的效果

本实例的最终完成效果如图 6-31 所示。

图 6-31 影片完成效果

1 在项目窗口中的空白处双击鼠标左键，打开"导入文件"对话框，选择本实例素材目录下准备的"鹦鹉.psd"，将其以合成的方式导入，如图 6-32 所示。

2 双击项目窗口中的合成"鹦鹉"，在时间轴窗口展开后，按"Ctrl+K"键打开"合成设置"对话框，修改合成项目的帧速率为 24fps，持续时间为 0:01:00:00，如图 6-33 所示。

图 6-32 以合成方式导入素材

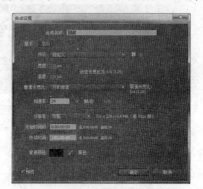

图 6-33 修改帧频与持续时间

3 将时间轴窗口中两个素材图层的持续时间延长到与合成项目相同，然后按"Ctrl+S"键，在打开的"保存为"对话框中为项目文件命名并保存到电脑中指定的目录。

4 按"Ctrl+I"键打开"导入文件"对话框，导入本实例素材目录中的音频文件，然后将其加入时间轴窗口中的底层，作为影片的背景音乐，如图 6-34 所示。

图 6-34 加入音频素材

5　在时间轴窗口中选择图层"鹦鹉"，执行"效果→颜色校正→色相/饱和度"命令，在打开的"效果控件"面板中，移动时间指针到 00:00:05:00 的位置，按"通道范围"前面的 ⏱ 按钮，为图层中的鹦鹉图像创建色彩变化的关键帧动画，如图 6-35 所示。

		00:00:05:00	00:00:15:00	00:00:25:00	00:00:30:00	00:00:35:00
⏱	主色相	0x+0°	1x+0°	-1x+0°	0x+-180°	0x+0°
⏱	主饱和度	0	60	0	-100	10

图 6-35　编辑色彩变化关键帧动画

6　接下来为鹦鹉编辑单色着色变化效果。选择时间轴窗口中的图层"鹦鹉"，按"Ctrl+D"键对其进行复制。移动时间指针到 00:00:35:00 的位置，按[键，将其入点调整到从第 35 秒开始，按下 T 键展开图层的"不透明度"选项，为其创建不透明度关键帧动画，如图 6-36 所示。

		00:00:35:00	00:00:40:00	00:00:55:00	00:00:60:00
⏱	不透明度	0%	100%	100%	0%

图 6-36　创建不透明度关键帧动画

7　在新复制的图层的"效果控件"面板中，勾选"彩色化"复选框，为下面的选项编辑关键帧动画，如图 6-37 所示。

		00:00:40:00	00:00:45:00	00:00:50:00	00:00:55:00	00:00:59:23
⏱	着色色相	0x+0°	1x+0°	-1x+0°	0x+-180°	0x+0°
⏱	着色饱和度	25	100	0	50	0
⏱	着色亮度	0	30	-30	25	0

图 6-37　编辑着色效果关键帧动画

8 将时间指针定位在开始位置，选择文字输入工具在合成窗口中输入文字，通过"字符"面板为其设置文字显示属性，然后为其添加渐变叠加和描边的图层样式，如图 6-38 所示。

图 6-38 设置文字显示属性

9 按"Ctrl+S"键保存项目。按"Ctrl+M"键，打开"渲染队列"面板，设置合适的渲染输出参数，将编辑好的合成项目输出成影片文件，欣赏完成效果，如图 6-39 所示。

图 6-39 观看影片完成效果

6.2.2 项目 2 颜色校正特效综合应用——电影色彩效果

素材目录	光盘\实例文件\第 6 章\项目 6.2.2\Media\
项目文件	光盘\实例文件\第 6 章\项目 6.2.2\Complete\电影色彩效果.prproj
输出文件	光盘\实例文件\第 6 章\项目 6.2.2\Export\电影色彩效果.flv
操作点拨	校色和调色是影视后期工作中重要的工作内容，通过对影像画面整体色彩风格的塑造与完善，可以使画面的视觉效果更好地与主题氛围融合，增强感染力 （1）导入准备的视频素材，以该素材的视频属性创建合成序列并编排素材 （2）先应用"曲线"效果对图像的整体色彩进行调整。添加"亮度与对比度"效果，增强图像内容色明暗与色彩浓度对比。添加"通道混合器"效果，通过对色彩通道进行单独的调整，对图像进行略微的偏色处理，模拟出电影胶片画面效果 （3）对影像进行电影胶片调色处理，要根据影像的实际图像内容来选择颜色校正效果并实时观察调整变化，设置合适的选项参数

本实例的最终完成效果如图 6-40 所示。

图 6-40 影片完成效果

1 在项目窗口中的空白处双击鼠标左键，打开"导入文件"对话框，选择本实例素材目录中准备的视频素材文件并导入。

2 将项目窗口中的视频素材直接拖入空白的时间轴窗口中，应用其视频属性创建合成。

3 为方便对视频素材进行电影色彩效果编辑的前后对比，按"Ctrl+K"键打开"合成设置"对话框，将合成的持续时间修改为之前的两倍，再次加入该视频素材到合成中的上层，并放置在前一视频素材的出点位置开始，如图 6-41 所示。

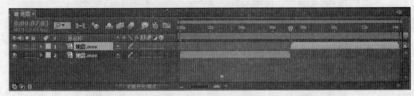

图 6-41 编排素材

4 在"效果和预设"面板中展开"颜色校正"文件夹，选择"曲线"效果并将其添加到时间轴窗口中的第二段素材剪辑上。

5 在"效果控件"面板中展开"曲线"特效选项组，分别在"通道"下拉列表中选择红色、绿色和蓝色通道并调整其曲线，将视频素材的图像色彩调整到接近电影胶片的颜色，如图 6-42 所示。

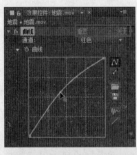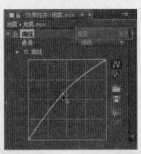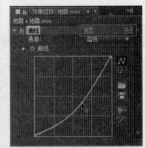

图 6-42 添加"曲线"效果并调整色彩曲线

6　为该视频素材添加"亮度与对比度"特效，在"效果控件"面板中设置"亮度"的参数值为–18，"对比度"的参数值为 25，增强图像内容色明暗与色彩浓度对比，如图 6-43 所示。

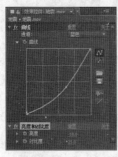

图 6-43　调整亮度与对比度

7　为该素材剪辑添加"通道混合器"特效，在效果控件面板中设置"绿色-蓝色"的数值为 50，"蓝色-绿色"的数值为 15，"蓝色-恒量"的数值为 20，对图像进行略微的偏色处理，模拟出电影胶片画面效果，如图 6-44 所示。

图 6-44　调整色彩通道偏色

8　按"Ctrl+S"键保存项目。按"Ctrl+M"键，打开"渲染队列"面板，设置合适的渲染输出参数，将编辑好的合成项目输出成影片文件，欣赏完成效果，如图 6-45 所示。

图 6-45　播放影片输出效果

6.3　练习题

1. 为颜色校正效果编辑关键帧

打开本书配套光盘中的实例文件\第 6 章\练习 6.3.1\Export\变色龙.mp4 文件，如图 6-46 所示，利用本练习实例素材目录下准备的文件，应用本章中学习的为颜色校正效果编辑关键帧动画的方法，完成此练习实例的制作。

图 6-46　实例完成效果

2. 为视频素材编辑老电视画面效果

　　使用本书配套光盘中：实例文件\第 6 章\练习 6.3.2\Media 目录下准备的素材文件，应用本章中学习的各种颜色校正特效，制作如图 6-47 所示的老电影画面效果，可以自行尝试使用多种不同的颜色校正效果命令来完成。

图 6-47　老电影画面参考效果

第7章 视频特效应用

本章重点

➤ 风格化类视频效果的应用
➤ 过渡类视频效果的应用
➤ 过时类视频效果的应用
➤ 模糊和锐化类视频效果的应用
➤ 模拟类视频效果的应用
➤ 扭曲类视频效果的应用
➤ 生成类视频效果的应用
➤ 时间类视频效果的应用
➤ 音频类视频效果的应用
➤ 杂色和颗粒类视频效果的应用
➤ 用变形稳定器修复视频抖动
➤ 视频特效综合应用——碟影危机

7.1 编辑技能实例训练

7.1.1 实例1 风格化类视频效果的应用

素材目录	光盘\实例文件\第 7 章\案例 7.1.1\Media\
项目文件	光盘\实例文件\第 7 章\案例 7.1.1\Complete\风格化类视频效果的应用.aep
案例要点	风格化类视频效果包含 20 多个特效命令，其作用效果与 Photoshop 中的风格化滤镜相似，可以产生艺术化的图像效果。本实例中应用的"马赛克"特效，可以用一定距离内像素的色彩平均值形成色块来填充图层，最终降低图像精度，通常用来模拟低分辨率的显示特效或虚化图像中不需要清晰显示的部分

1 在项目窗口中的空白处双击鼠标左键，打开"导入文件"对话框，选择本实例素材目录中准备的素材文件并导入。

2 将项目窗口中的视频素材直接拖入空白的时间轴窗口中，应用其视频属性创建合成。然后再次加入该视频素材到合成中的上层，将为其添加"马赛克"效果，如图 7-1 所示。

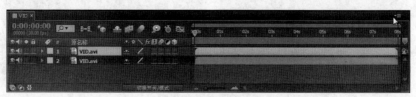

图 7-1 编排时间轴窗口中的素材

3 在工具栏中选择"椭圆工具" ⬛，选择时间轴窗口中的图层 1，在合成窗口中沿小男孩的头部轮廓绘制一个蒙版，然后调整好蒙版的大小和位置，如图 7-2 所示。

4 按 M 键展开图层 1 的"蒙版"选项组，单击"蒙版路径"选项前面的⌚按钮，为其创建关键帧。拖动时间指针，参考合成窗口中小男孩头部在当前时间的位置，调整蒙版形状的位置到覆盖住小男孩的头部，得到蒙版形状跟随其运动的关键帧动画，如图 7-3 所示。

图 7-2　绘制蒙版

图 7-3　创建关键帧动画

5 选择图层 1 并执行"效果→风格化→马赛克"命令，在"效果控件"面板中，将该特效中"水平块"、"垂直块"选项的参数，由默认的 10 分别修改为 100 和 50，使蒙版形状范围内的图像生成马赛克效果，如图 7-4 所示。

图 7-4　添加特效并设置选项参数

6 按"Ctrl+S"键保存工作。拖动时间指针或按空格键，即可在合成窗口中播放为视频素材添加"马赛克"特效并设置选项参数后，人物脸部被模糊处理的影片效果，如图 7-5 所示。

图 7-5　播放预览特效编辑完成效果

7.1.2 实例 2 过渡类视频效果的应用

素材目录	光盘\实例文件\第 7 章\案例 7.1.2\Media\
项目文件	光盘\实例文件\第 7 章\案例 7.1.2\Complete\过渡类视频效果的应用.aep
案例要点	过渡类特效用于为图层添加具有特定形状的消隐效果，通常在应用时会配合创建关键帧动画来编辑图层之间在切换时的动态特效

1 在项目窗口中的空白处双击鼠标左键，打开"导入文件"对话框，选择本实例素材目录中准备的素材文件并导入，如图 7-6 所示。

2 按"Ctrl+N"键新建一个"NTSC DV"视频制式的合成，设置持续时间为 8 秒，如图 7-7 所示。

图 7-6 导入素材文件

图 7-7 新建合成

3 将项目窗口中的图像素材依次加入时间轴窗口中并按 S 键，展开图层的"缩放"选项并设置合适的参数值，使图像素材的尺寸恰好覆盖合成画面的大小，如图 7-8 所示。

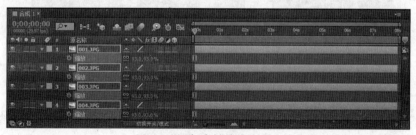

图 7-8 添加素材并修改大小

4 在"效果和预设"面板中选择"过渡→百叶窗"效果并添加到时间轴窗口中的图层 1 上，然后按 E 键展开图层的效果选项，为"过渡完成"选项创建在第 1 秒到第 2 秒，参数值从 0%到 100%的关键帧动画，得到图层 1 逐渐过渡消失并显示出图层 2 的动画效果，如图 7-9 所示。

5 在"效果和预设"面板中选择"过渡→光圈擦除"效果并添加到时间轴窗口中的图层 2 上，然后按 E 键展开图层的效果选项，为"外径"选项创建在第 3 秒到第 4 秒，参数值从 0 到 900，并且在其过程中旋转 1 圈的关键帧动画，如图 7-10 所示。

图 7-9　编辑过渡效果关键帧动画

图 7-10　编辑过渡效果关键帧动画

　　6　在"效果和预设"面板中选择"过渡→卡片擦除"效果并添加到时间轴窗口中的图层 3 上，在"效果控件"面板中单击"背面图层"选项后面的下拉列表并选择图层 4 作为其背面图层。设置"行数"为 10，"列数"为 20，然后为"过渡完成"选项创建在第 5 秒到第 7 秒，参数值从 0% 到 100% 的关键帧动画，如图 7-11 所示。

图 7-11　编辑过渡效果关键帧动画

　　7　按"Ctrl+S"键保存工作。拖动时间指针或按空格键，即可在合成窗口中查看为图像素材添加过渡特效并设置选项参数后的播放切换效果。

7.1.3　实例 3　过时类视频效果的应用

素材目录	光盘\实例文件\第 7 章\案例 7.1.3\Media\
项目文件	光盘\实例文件\第 7 章\案例 7.1.3\Complete\过时类视频效果的应用.aep
案例要点	过时类特效包含了 4 个不同功用类型的特效，主要用于模拟 3D 空间效果和在图层上生成文本内容并编辑动画。本实例所应用的"路径文本"特效，可以将图像图层变成可编辑路径的文本图层，并通过设置路径类型和文本属性，编辑需要的文本特效动画

　　1　在项目窗口中的空白处双击鼠标左键，打开"导入文件"对话框，选择本实例素材目录中准备的素材文件并导入。

　　2　按"Ctrl+N"键，新建一个 NTSC DV 视频制式的合成，设置持续时间为 8 秒，将导入的图像素材加入时间轴窗口中。

　　3　在时间轴窗口中的空白处单击鼠标右键并选择"新建→纯色"命令，新建一个蓝色的纯色图层，如图 7-12 所示。

　　4　在"效果和预设"面板中选择"过时→路径文本"效果并添加到时间轴窗口中的纯色图层上，然后在弹出的"路径文字"对话框中输入文本内容，并设置字体为微软雅黑，如图 7-13 所示。

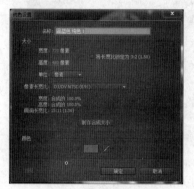

图 7-12　新建纯色图层

图 7-13　编辑特效文本内容

　　5　单击"确定"按钮，在"效果控件"面板中设置特效的"形状类型"为"圆形"，然后设置好文本对象的"填充和描边"和"字符"属性，并设置段落对齐方式为"居中对齐"。在合成窗口中将圆形文字的中心移动到背景中人物的双手中并调整好圆形的半径距离，如图 7-14 所示。

图 7-14　编辑文本属性

　　6　在"效果控件"面板中按下"段落"选项中"左边距"选项前面的 ⬤ 按钮，为其创建在开始位置时参数值为 0，在结束位置时参数值为 2000 的关键帧动画，如图 7-15 所示。

　　7　在图层 1 上单击鼠标右键并选择"图层样式→外发光"命令，为路径文本添加黄绿色的外发光效果，如图 7-16 所示。

图 7-15　创建关键帧动画

图 7-16　为路径文本添加外发光效果

8　选择图层 1 并按 S 键，然后按"Shift+T"键，展开图层的"缩放"和"不透明度"选项，为其创建在开始播放后，逐渐显现并缩放大小的关键帧动画，如图 7-17 所示。

		00:00:00:00	00:00:02:00	00:00:04:00	00:00:06:00	00:00:7:29
	缩放	50%	100%	50%	100%	50%
	不透明度	0%	100%		100%	0%

图 7-17　编辑关键帧动画

9　按"Ctrl+S"键保存工作。拖动时间指针或按空格键，即可在合成窗口中播放为编辑完成的路径文本添加旋转缩放的动画效果，如图 7-18 所示。

图 7-18　播放预览特效编辑完成效果

7.1.4　实例 4　模糊和锐化类视频效果的应用

素材目录	光盘\实例文件\第 7 章\案例 7.1.4\Media\
项目文件	光盘\实例文件\第 7 章\案例 7.1.4\Complete\模糊和锐化类视频效果的应用.aep
案例要点	模糊和锐化类特效命令主要用于调整图像的清晰程度，产生模糊或锐化的变化效果。本实例所应用的"复合模糊"效果，可以将其他视频轨道中图像的像素明度作为效果范围进行柔化模糊处理，得到类似移轴摄影的特殊效果

1　在项目窗口中的空白处双击鼠标左键，打开"导入文件"对话框，选择本实例素材目录中准备的素材文件并导入，可以双击导入的图像和视频素材，查看其影像内容，如图 7-19 所示。

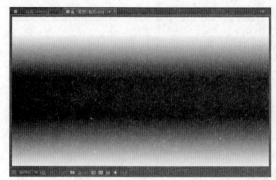

图 7-19　预览素材内容

2　将项目窗口中的视频素材直接拖入空白的时间轴窗口中，应用其视频属性创建合成。

3　为方便进行特效应用前后的效果对比，按"Ctrl+K"键打开"合成设置"对话框并将合成的持续时间修改为之前的两倍，再次加入该视频素材到合成中的上层，并放置在前一视频素材的出点位置开始，加入图像素材到第二段视频素材的下层并对齐位置，如图 7-20 所示。

图 7-20　编排素材

4　在"效果和预设"面板中选择"模糊和锐化→复合模糊"效果并拖动到视频轨道中的第二段素材剪辑上，然后在"效果控件"面板中展开"复合模糊"效果的参数选项，在"模糊图层"下拉列表中选择图层 2 轨道中的图像素材作为模糊层，设置"最大模糊"选项的数值为 10，即可在合成窗口中查看到视频素材中与图层 2 中渐变图像的黑色重叠的部分显示清晰，上下部分显示为模糊的类似移轴拍摄画面效果，如图 7-21 所示。

5　按"Ctrl+S"键保存工作。拖动时间指针或按空格键，即可在合成窗口中查看为图像素材添加"复合模糊"特效并设置选项参数后的影像效果。

图 7-21　添加特效并设置选项参数

7.1.5　实例 5　模拟类视频效果的应用

素材目录	光盘\实例文件\第 7 章\案例 7.1.5\Media\
项目文件	光盘\实例文件\第 7 章\案例 7.1.5\Complete\模拟类视频效果的应用.aep
案例要点	模拟类特效可以模拟出自然界中的爆炸、反射、波浪等效果。本实例所应用的"泡沫"效果，可以在图层上生成逼真的气泡飞舞动画效果

1　在项目窗口中的空白处双击鼠标左键，打开"导入文件"对话框，选择本实例素材目录中准备的素材文件并导入。

2　将项目窗口中的视频素材直接拖入空白的时间轴窗口中，应用其视频属性创建合成。为方便进行特效应用前后的效果对比，按"Ctrl+K"键打开"合成设置"对话框并将合成的持续时间修改为之前的两倍。

3　再次加入该视频素材到合成中的上层，并放置在前一视频素材的出点位置，在时间轴窗口中的空白处单击鼠标右键并选择"新建→纯色"命令，新建一个纯色图层，如图 7-22 所示。

图 7-22　编排素材并新建纯色图层

4　在"效果和预设"面板中选择"模拟→泡沫"效果并添加到时间轴窗口中的纯色图层上，然后在"效果控件"面板中单击"视图"选项后面的下拉列表并选择"已渲染"，使特效以渲染结果显示。参考合成窗口中生成气泡的效果设置下面的选项参数，然后在合成窗口中将气泡的发生点移动到画面的下方，得到气泡在播放过程中从下往上冒起的动画效果，如图 7-23 所示。

5　按"Ctrl+S"键保存工作。拖动时间指针或按空格键，即可在合成窗口中查看为纯色图层添加"泡沫"特效并设置选项参数后生成的海底气泡动画效果。

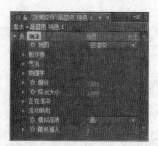

图 7-23 添加特效并设置参数

7.1.6 实例 6 扭曲类视频效果的应用

素材目录	光盘\实例文件\第 7 章\案例 7.1.6\Media\
项目文件	光盘\实例文件\第 7 章\案例 7.1.6\Complete\扭曲类视频效果的应用.aep
案例要点	扭曲类特效主要用于对图像进行几何变形。本实例应用的"湍流置换"效果,可以对素材图像进行多种方式的扭曲变形,得到丰富的变化效果

1 在项目窗口中的空白处双击鼠标左键,打开"导入文件"对话框,选择本实例素材目录中准备的素材文件并导入。

2 将项目窗口中的视频素材直接拖入空白的时间轴窗口中,应用其视频属性创建合成。

3 为方便进行特效应用前后的效果对比,按"Ctrl+K"键打开"合成设置"对话框并将合成的持续时间修改为之前的两倍,再次加入该视频素材到合成中的上层,并放置在前一视频素材的出点位置开始,如图 7-24 所示。

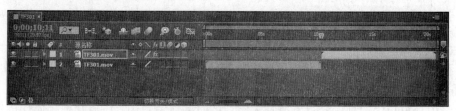

图 7-24 编排素材

4 在"效果和预设"面板中选择"扭曲→湍流置换"效果并拖动到视频轨道中的第二段素材剪辑上,然后在"效果控件"面板中展开"湍流置换"效果的参数选项,单击"置换"选项在弹出的下拉列表中选择"凸出较平滑"选项,确定特效对图像的扭曲变形方式。按"数量"、"大小"、"复杂度"选项前面的"时间变化秒表"按钮 ,为该特效编辑关键帧动画,如图 7-25 所示。

5 按"Ctrl+S"键保存工作。拖动时间指针或按空格键,预览编辑完成的视频特效关键帧动画效果,如图 7-26 所示。

		00:00:10:11	00:00:13:00	00:00:16:00	00:00:19:00	00:00:20:21
⏱	数量	0	100	200	-500	0
⏱	大小	2	20	40	3	2
⏱	复杂度	1	2		5	1

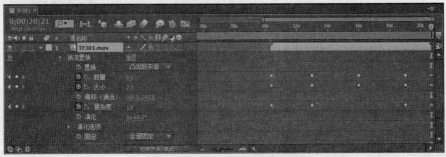

图 7-25　为效果编辑关键帧动画

图 7-26　预览"湍流置换"动画效果

7.1.7　实例 7　生成类视频效果的应用

素材目录	光盘\实例文件\第 7 章\案例 7.1.7\Media\
项目文件	光盘\实例文件\第 7 章\案例 7.1.7\Complete\生成类视频效果的应用.aep
案例要点	生成类特效主要是对光和填充色的处理应用，在画面上生成一些类似自然界、生活中可见的图案或光线效果。本实例应用的"高级闪电"效果，可以在图像上模拟出逼真的闪电影像效果

　　1　在项目窗口中的空白处双击鼠标左键，打开"导入文件"对话框，选择本实例素材目录中准备的素材文件并导入。

　　2　将项目窗口中的视频素材直接拖入空白的时间轴窗口中，应用其视频属性创建合成。

　　3　为方便进行特效应用前后的效果对比，按"Ctrl+K"键打开"合成设置"对话框并将合成的持续时间修改为之前的两倍，再次加入该视频素材到合成中的上层，并放置在前一视频素材的出点位置开始，如图 7-27 所示。

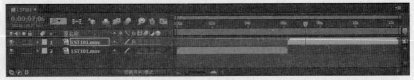

图 7-27　编排素材

　　4　在"效果和预设"面板中选择"生成→高级闪电"效果并拖动到视频轨道中的第二

段素材剪辑上，然后在"效果控件"面板中展开"高级闪电"效果的参数选项，在"闪电类型"下拉列表中选择一种闪电的生成类型，如"垂直"，然后在合成窗口中用鼠标将闪电的发生源点移动到合适的位置，如图 7-28 所示。

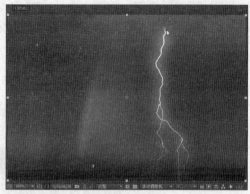

图 7-28　添加效果并设置选项参数

5　在图层 1 的入点位置，按下"效果控件"面板中"传导率状态"选项前面的按钮，为其创建参数值从开始的 0，到出点时为 8 的关键帧动画（数值变化越大，闪电闪动变化越快），如图 7-29 所示。

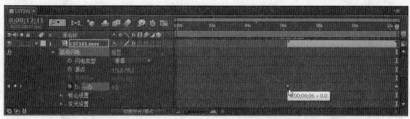

图 7-29　编辑关键帧动画

6　按"Ctrl+S"键保存工作。拖动时间指针或按空格键，预览编辑完成的视频特效关键帧动画效果，如图 7-30 所示。

图 7-30　预览"高级闪电"动画效果

7.1.8　实例 8　时间类视频效果的应用

素材目录	光盘\实例文件\第 7 章\案例 7.1.8\Media\
项目文件	光盘\实例文件\第 7 章\案例 7.1.8\Complete\时间类视频效果的应用.aep
案例要点	时间类特效用于对动态素材的时间特性进行控制。本实例所应用的"残影"效果，可以将动态素材中不同时间的多个帧进行同时播放，产生动态残影效果

1　在项目窗口中的空白处双击鼠标左键，打开"导入文件"对话框，选择本实例素材目录中准备的素材文件并导入。

2　将项目窗口中的视频素材直接拖入空白的时间轴窗口中，应用其视频属性创建合成。

3　为方便进行特效应用前后的效果对比，按"Ctrl+K"键打开"合成设置"对话框并将合成的持续时间修改为之前的两倍，再次加入该视频素材到合成中的上层，并放置在前一视频素材的出点位置开始。

4　在"效果和预设"面板中选择"时间→残影"效果并拖动到视频轨道中的第二段素材剪辑上，然后在时间轴窗口中按 E 键展开该图层的"残影"效果选项，设置"残影时间"为-0.150（即向后延迟 0.15 秒），然后设置好需要的残影数量、起始强度、衰减指数等，在"残影运算符"下拉列表中，可以设置所生成残影与原图像之间的混合模式，如图 7-31 所示。

图 7-31　添加特效并设置选项参数

5　按"Ctrl+S"键保存工作。拖动时间指针或按空格键，预览编辑完成的视频特效应用效果，如图 7-32 所示。

图 7-32　预览特效应用效果

7.1.9　实例 9　音频类视频效果的应用

素材目录	光盘\实例文件\第 7 章\案例 7.1.9\Media\
项目文件	光盘\实例文件\第 7 章\案例 7.1.9\Complete\音频类视频效果的应用.aep
案例要点	音频类特效包含了 10 个特效命令，主要用于对影视素材中的音频内容进行一些常用的音效处理。本实例所应用的"混响"和"延迟"特效，就是常用的制造音响在大空间混响和回音反馈效果的命令

1　在项目窗口中的空白处双击鼠标左键，打开"导入文件"对话框，选择本实例素材目录中准备的素材文件并导入。

2　将项目窗口中的视频素材直接拖入空白的时间轴窗口中，应用其视频属性创建合成。

3　为方便进行特效应用前后的效果对比，按"Ctrl+K"键打开"合成设置"对话框并将合成的持续时间修改为之前的两倍，再次加入该视频素材到合成中的上层，并放置在前一视频素材的出点位置，如图 7-33 所示。

图 7-33　编排素材

4　在"效果和预设"面板中展开"音频"文件夹，依次选择"混响"、"延迟"效果并拖动到视频轨道中的第二段素材剪辑上，然后在"效果控件"面板中展开"混响"效果选项，设置"混响时间"为 150（即混响音持续 0.15 秒），然后设置"延迟"选项中"延迟时间"的数值为 250（即生成向后 0.25 秒的延迟音频），如图 7-34 所示。

图 7-34　添加特效并设置选项参数

5　按"Ctrl+S"键保存工作。单击"预览"面板中的"RAM 预览"按钮■，对合成中编辑完成的音频效果进行播放预览。

7.1.10　实例 10　杂色和颗粒类视频效果的应用

素材目录	光盘\实例文件\第 7 章\案例 7.1.10\Media\
项目文件	光盘\实例文件\第 7 章\案例 7.1.10\Complete\杂色和颗粒类视频效果的应用.aep
案例要点	杂色与颗粒类特效主要用于对图像进行柔和处理，去除图像中的噪点，或在图像上添加杂色效果等。本实例应用的"蒙尘与划痕"效果，可以在图像上生成类似蒙上灰尘的杂色均化效果，通过参数设置，可以模拟出成片像素蕴结的效果

1　在项目窗口中的空白处双击鼠标左键，打开"导入文件"对话框，选择本实例素材目录中准备的素材文件并导入。

2　将项目窗口中的视频素材直接拖入空白的时间轴窗口中，应用其视频属性创建合成。

3　为方便进行特效应用前后的效果对比，按"Ctrl+K"快捷键，打开"合成设置"对话框并将合成的持续时间修改为之前的两倍，再次加入该视频素材到合成中的上层，并放置在前一视频素材的出点位置。

4　在"效果和预设"面板中选择"杂色和颗粒→蒙尘与划痕"效果并拖动到视频轨道中的第二段素材剪辑上，然后在时间轴窗口中按 E 键展开该图层的"蒙尘与划痕"效果选项，设置"半径"选项的数值为 15（即确定要均化处理的距离范围为 15 像素），如图 7-35 所示。

图 7-35　添加特效并设置选项参数

5 按"Ctrl+S"键保存工作。拖动时间指针或按空格键，预览编辑完成的视频特效应用效果，如图 7-36 所示。

图 7-36　预览特效应用效果

7.2　项目应用

7.2.1　项目 1　用变形稳定器修复视频抖动

素材目录	光盘\实例文件\第 7 章\项目 7.2.1\Media\
项目文件	光盘\实例文件\第 7 章\项目 7.2.1\Complete\用变形稳定器修复视频抖动.aep
输出文件	光盘\实例文件\第 7 章\项目 7.2.1\Export\用变形稳定器修复视频抖动.flv
操作点拨	随着智能手机硬件性能的不断提升，使用手机上的摄像头随时随地拍摄高清的视频影像，已经成为记录我们生活片段最便捷的方式。不过，即使是使用数码摄像机进行手持拍摄，也会出现因为手的细微抖动而造成拍摄视频画面有明显晃动的问题。应用视频抖动修复特效，可以帮助减轻画面播放时的抖动问题 (1) 利用视频素材创建合成，修改合成持续时间并编排素材 (2) 为第二段视频素材添加"变形稳定器 VFX"特效，应用默认的"平滑运动"方式对视频素材进行抖动修复 (3) 为第三段视频素材添加"变形稳定器 VFX"特效，应用"无运动"方式对视频素材进行稳定效果更好的抖动修复

本实例的最终完成效果如图 7-37 所示。

图 7-37　影片完成效果

1 在项目窗口中的空白处双击鼠标左键，打开"导入文件"对话框，选择本实例素材目录中准备的素材文件并导入。

2 将导入的视频素材从项目窗口拖入到时间轴窗口中，以素材的视频属性建立合成。按"Ctrl+K"键打开"合成设置"对话框，将合成序列的持续时间修改为原来的 3 倍，也就

是 0:00:18:00，如图 7-38 所示。

3　为方便进行稳定处理前后的效果对比，再将视频素材加入两次到时间轴窗口中，并按图层顺序依次排列，如图 7-39 所示。

4　在"效果和预设"面板中展开"扭曲"文件夹，选择"变形稳定器 VFX"特效，将其拖动到时间轴窗口中的第二段素材剪辑上，程序将自动开始对视频素材进行分析，并在分析完成后，应用默认的处理方式（即平滑运动）和选项参数对视频素材进行稳定处理，如图 7-40 所示。

图 7-38　更改序列持续时间

5　再选择"变形稳定器 VFX"特效，将其添加到时间轴窗口中的第三段素材剪辑上，然后在"效果控件"面板中单击"取消"按钮，停止程序自动开始的分析。在"结果"下拉列表中选择"无运动"选项，然后单击"分析"按钮，以最稳定的处理方式对第三段视频素材进行分析处理，如图 7-41 所示。

图 7-39　编排素材剪辑

图 7-40　为视频素材应用稳定特效

图 7-41　设置特效选项并应用

- 分析/取消：单击"分析"按钮，开始对视频在进行播放时前后帧的画面抖动差异进行分析。如果合成序列与视频素材的视频属性一致，则在分析完成后，将显示为"应用"，单击该按钮即可应用当前的特效设置；单击"取消"按钮可以中断或取消进行的抖动分析。

- 结果：在该下拉列表中可以选择采用何种方式进行画面稳定的运算处理。选择"平滑运动"，则可以允许保留一定程度的画面晃动，使晃动变得平滑，可以在下面的"平滑度"选项中设置平滑程度，数值越大，平滑处理越好；选择"无运动"，则以画面的主体图像作为整段视频画面的稳定参考，对后续帧中因为抖动而产生位置、角度等的差异，通过细微的缩放、旋转调整，得到最大化稳定效果。

- 方法：根据视频素材中画面抖动的具体问题，在此下拉列表中选择对应的处理方法，包括"位置"、"位置，缩放，旋转"、"透视"、"子空间变形"。如果视频素材的画面抖动主要是上下、左右的晃动，则选择"位置"选项即可；如果抖动较为剧烈且有角度、远近等的细微变化，则选择"子空间变形"选项可以得到更好的稳定效果。

- 取景：在对视频画面应用所选"方法"的稳定处理后，将会出现因为旋转、缩放、移动了帧画面而出现的画面边缘不整齐的问题，可以在此选择对所有帧的画面边缘进行整齐的方式，包括"仅稳定"、"稳定，裁剪"、"稳定，裁剪，自动缩放"、"稳定、合成边缘"。如果选择"仅稳定"，则保留各帧画面边缘的原始状态；选择"稳定，裁剪，自动缩放"，则可以对画面边缘进行裁切整齐、自动匹配合成序列画面尺寸的处理。

- 自动缩放：该选项只在上一选项中选择了"稳定，裁剪，自动缩放"时可用，用于设置对帧画面进行缩放来匹配稳定时的最大放大程度。

- 详细分析：勾选该选项，可以重新对视频素材进行更精细的稳定处理分析。

- 果冻效应波纹：在该选项的下拉列表中，选择对因为缩放、旋转调整产生的画面场序波纹加剧问题的处理方式，包括"自动减少"和"增强减少"。

- 更少的裁剪<->平滑更多：在此设置较小的数值，则执行稳定处理时偏向保持画面完整性，稳定效果也较好。设置较大的数值，则执行稳定处理时偏向使画面更稳定、平滑，但对视频画面的处理会有更多的缩放或旋转处理，会降低画面质量。

- 合成输入范围：在"取景"选项中选择"稳定、合成边缘"时可用，用于设置从视频素材的第几帧开始进行分析。

- 合成边缘羽化：在"帧"选项中选择"稳定、合成边缘"时可用，设置在对帧画面边缘进行缩放、裁切处理后的羽化程度，以使画面边缘的像素变得平滑。

- 合成边缘裁剪：可以在展开此选项后，分别手动设置对各边缘的裁剪距离，可以得到更清晰整齐的边缘，单位为像素。

6 分析完成后，按空格键或拖动时间指针进行播放预览，即可查看到处理完成的画面抖动修复效果。可以看到，第一段原始的视频素材剪辑中，手持拍摄的抖动比较剧烈；第二段以"平滑运动"方式进行稳定处理的视频，抖动已经不明显，变成了拍摄角度小幅度平滑移动的效果，整体画面略有放大；第三段视频稳定效果最好，基本没有了抖动，像是固定了摄像机拍摄一样，但整体画面放大得最多，对画面原始边缘的裁切也最多，如图 7-42 所示。

7 在时间轴窗口中单击鼠标右键，选择"新建→文本"命令，设置合适的文本字体和大小，输入标注视频素材特征的文字，并调整到画面的左下角。在时间轴窗口中将文本图层的持续时间调整为与第一段视频素材的持续时间对齐，然后按 T 键打开"不透明度"属性，将文字的不透明度修改为 30%，如图 7-43 所示。

图 7-42　第一和第三个剪辑中同一时间位置的画面对比

图 7-43　添加视频信息标注文字

8　在时间轴窗口中选择编辑好的文本图层并连续按两次"Ctrl+D"键，对其进行复制并分别调整到与第二、第三段视频素材的持续时间对齐，然后修改对应的文字标注内容，如图 7-44 所示。

图 7-44　编辑对应的标注文字

9　按"Ctrl+S"键保存项目。按"Ctrl+M"键，打开"渲染队列"面板，设置合适的渲染输出参数，将编辑好的合成项目输出成影片文件，欣赏完成效果，如图 7-45 所示。

图 7-45　欣赏影片完成效果

7.2.2 项目 2 视频特效综合应用——碟影危机

素材目录	光盘\实例文件\第 7 章\项目 7.2.2\Media\
项目文件	光盘\实例文件\第 7 章\项目 7.2.2\Complete\碟影危机.aep
输出文件	光盘\实例文件\第 7 章\项目 7.2.2\Export\碟影危机.flv
操作点拨	本实例是为一个科幻影片设计制作的视频海报片头，综合应用了多个视频特效，并通过多层合成嵌套来实现动态视觉特效 (1) 为新建的纯色图层应用"圆形"和"变换"特效，创建放射圆环的动画效果 (2) 为放射圆环动画添加"发光"效果，增强图像的视觉表现力 (3) 将放射圆环动画合成嵌入新的合成，通过复制图层并应用序列化处理，得到连续的放射圆环动画 (4) 将连续放射圆环动画合成加入最终合成中，通过绘制蒙版实现空间遮挡效果 (5) 编辑标题文字并设置图层样式效果，添加背景音乐，完成影片编辑

本实例的最终完成效果如图 7-46 所示。

图 7-46　影片完成效果

1　在项目窗口中的空白处双击鼠标左键，打开"导入文件"对话框，选择本实例素材目录中准备的素材文件并导入。

2　将导入的图像素材从项目窗口拖入到时间轴窗口中，以素材的视频属性建立合成。按"Ctrl+K"键打开"合成设置"对话框，将合成序列的持续时间修改为 3 秒。

3　在时间轴窗口中的空白处单击鼠标右键并选择"新建→纯色"命令，新建一个纯色图层，然后为其添加"效果→生成→圆形"特效，在其特效选项中，设置"边缘"类型为"边缘半径"，"半径"数值为 300，"边缘半径"数值为 280，填充色为蓝色，得到一个环形图像，如图 7-47 所示。

图 7-47　编排素材并新建纯色图层

4　在"效果和预设"面板中选择"扭曲→变换"效果并添加到纯色图层上，然后在"效果控件"面板中按下该特效在"位置"选项后的 ■ 按钮，在合成窗口中飞碟图像下方的出口位置单击鼠标左键，确定圆环的中心位置，如图 7-48 所示。

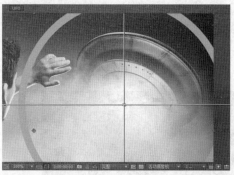

图 7-48　调整效果的中心位置

5　设置"变换"特效的"倾斜"选项参数值为 18，"倾斜轴"参数值为 30，为"缩放"、"不透明度"选项创建关键帧动画，并为缩放动画的结束关键帧设置缓入效果，如图 7-49 所示。

		00:00:00:00	00:00:02:00	00:00:02:29	
⏱	缩放	0		300	
⏱	不透明度		100%	0%	

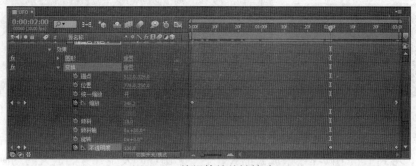

图 7-49　编辑特效关键帧动画

6　在"效果和预设"面板中选择"风格化→发光"效果并添加到纯色图层上，然后在"效果控件"面板中设置"发光半径"的数值为 60，为圆环添加发光效果，如图 7-50 所示。

图 7-50　添加发光效果

7　编辑好圆环的放射动画后，在时间轴窗口中将背景图像图层删除。

8 在项目窗口中的图像素材上单击鼠标右键并选择"基于所选项新建合成"命令，创建一个新的合成"UFO2"，然后将编辑好的圆环放射动画合成"UFO"加入其中并复制 4 次，并将其背景图像图层删除，如图 7-51 所示。

9 按"Ctrl+K"键打开合成"UFO2"的"合成设置"对话框，将其持续时间修改为 15 秒，如图 7-52 所示。

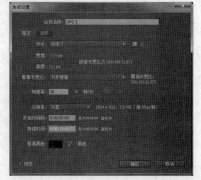

图 7-51 加入合成并复制图层	图 7-52 修改合成持续时间

10 选择时间轴窗口中的 5 个图层，执行"动画→关键帧辅助→序列图层"命令，在弹出的对话框中取消对"重叠"选项的勾选并按"确定"按钮，对选择的图层进行序列化编排，如图 7-53 所示。

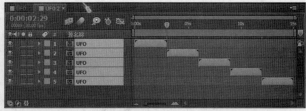

图 7-53 对图层进行序列化编排

11 选择 5 个图层并按"Ctrl+D"键，然后用鼠标按住新复制得到的图层并向后拖动 1 秒 15 帧的距离，得到上一个圆环还未放大消失，下一个圆环即发生并开始放大的动画效果，如图 7-54 所示。

图 7-54 复制序列图层

12 以项目窗口中的图像素材创建一个新的合成"UFO3"，然后将合成"UFO2"加入其中并放置在上层，如图 7-55 所示。

图 7-55　创建新合成并加入合成图层

13 在时间轴窗口中选择新加入的合成图层，选择工具栏中的"钢笔工具"，在合成窗口中沿人物的轮廓边缘绘制一个蒙版，如图 7-56 所示。

14 按 M 键，在时间轴窗口中展开图层 1 的蒙版选项并勾选"反转"复选框，使合成窗口中显示出蒙版范围以外的圆环放射动画，如图 7-57 所示。

图 7-56　绘制蒙版　　　　　　　　　　　图 7-57　设置蒙版效果反转

15 在工具栏中选择"横排文字工具"并输入标题文字，为其设置字体为"方正综艺简体"，字号为 110，然后为其添加渐变叠加、描边和投影的图层样式，如图 7-58 所示。

图 7-58　编辑标题文字样式

16 使用文字工具输入副标题文字，并为其设置合适的填充样式效果，如图 7-59 所示。

17 将项目窗口中的音频素材加入时间轴窗口中，作为影片的背景音乐。

18 按"Ctrl+S"键保存项目。按"Ctrl+M"键，打开"渲染队列"面板，设置合适的渲染输出参数，将编辑好的合成项目输出成影片文件，欣赏完成效果，如图 7-60 所示。

图 7-59　编辑副标题文字样式

图 7-60　影片输出效果

7.3　练习题

1. 使用放大特效编辑局部放大动画

使用扭曲类视频效果中的"放大"特效，利用本书配套光盘中实例文件\第 7 章\练习 7.3.1\Media 目录下准备的素材文件，编辑出视频图像中对海豹图像进行追踪放大的特写效果。

1　利用视频素材新建合成，在时间轴窗口中将放大镜图像置于视频素材上层，然后将其缩小到合适的尺寸，并移动到视频画面中覆盖海豹图像的位置，如图 7-61 所示。

2　为视频素材图层添加"放大"效果，在"效果控件"面板中为其设置"放大率"为 150。参考合成窗口中的画面变化，为"放大"效果的"中心"选项创建以海豹的运动轨迹为中心的关键帧动画，如图 7-62 所示。

图 7-61　调整放大镜图像　　　　图 7-62　设置特效参数并编辑关键帧动画

3 为放大镜图像编辑跟随放大效果中心移动轨迹的关键帧动画，得到放大镜图像与下层放大特效配合运动的合成效果，如图 7-63 所示。

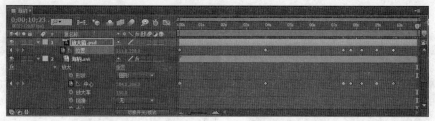

图 7-63 为放大镜图像编辑同步动画

2. 应用过渡特效编辑幻灯片动画

使用本书配套光盘中实例文件\第 7 章\练习 7.3.2\Media 目录中准备的图像素材文件，在新建的合成中前后衔接编排好素材图层，然后自行尝试使用过渡类特效中的不同效果命令，通过为图层添加特效并编辑关键帧动画的方式，制作一个幻灯片切换动画影片。

1 选择项目窗口中导入的所有图像文件，将它们按住并拖入时间轴窗口中，在弹出的"基于所选项新建合成"对话框中设置创建单个合成，单个图像图层的持续时间为 6 秒，勾选"序列图层"复选框并设置重叠持续时间为 2 秒，然后单击"确定"按钮，直接将所有图像素材加入到新建的合成中并应用序列化编排，如图 7-64 所示。

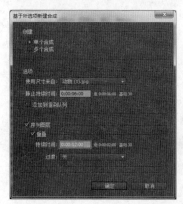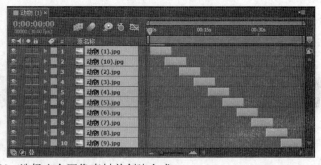

图 7-64 选择多个图像素材并创建合成

2 分别为各图层添加不同的过渡类特效，并根据各特效的具体选项内容进行效果设置。在编辑过渡效果时，要注意在上下两个图层重叠的持续时间内编辑关键帧动画，才能得到上层图像在过渡消隐时，即显示出下层图层内容的效果，如图 7-65 所示。

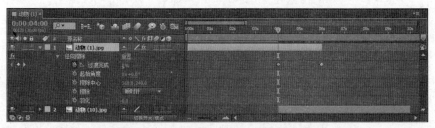

图 7-65 应用过渡效果并编辑关键帧动画

3 部分过渡效果需要指定切换消隐时显示的目标图层，需要在其效果选项中指定其下的图层来进行应用，如图 7-66 所示。

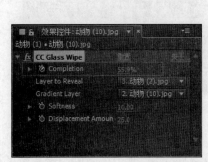

图 7-66 指定切换后要显示的图层

第 8 章　三维合成

本章重点

➢ 创建和查看三维合成
➢ 三维图层的变换编辑
➢ 设置三维图层的材质属性
➢ 创建和设置设置摄像机
➢ 创建和设置设置灯光层
➢ 编辑三维空间动画——节目导视

8.1　编辑技能案例训练

8.1.1　实例 1　创建和查看三维合成

素材目录	光盘\实例文件\第 8 章\案例 8.1.1\Media\
项目文件	光盘\实例文件\第 8 章\案例 8.1.1\Complete\创建和查看三维合成.aep
案例要点	三维合成就是可以编辑立体空间效果的合成项目。通过将二维图层转换为三维图层，即可为其开启空间深度属性，并可以通过创建摄像机以及灯光对象，展现更加逼真的三维立体空间画面。3D 层就是在二维图层的长、宽属性上，增加了纵向画面的深度属性，在标示位置属性时，在 X、Y 的基础上增加 Z 坐标，用以表现对象在三维空间中，与画面平面的远近关系

　1　在项目窗口中的空白处双击鼠标左键，打开"导入文件"对话框，选择本实例素材目录中准备的素材文件并导入。

　2　按"Ctrl+N"键新建一个 NTSC DV 制式的合成，然后将导入的图像素材加入其中。

　3　在工具栏中选择"横排文字工具"并输入标题文字，为其应用并设置渐变叠加、描边的图层样式，如图 8-1 所示。

图 8-1　编辑图层内容

4 展开图层的"变换"选项，单击打开图层开关面板中的 3D 图层开关，将图层转换为 3D 图层，然后就可以在时间轴窗口中查看到转换后的图层对应参数选项的变化，如图 8-2 所示。

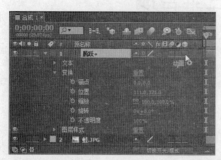

图 8-2　转换 2D 图层为 3D 图层

5 将图层转换为 3D 图层后，在合成窗口中选择图层对象时，也将显示新增的 Z 轴箭头。同时，视图角度也将自动切换为"活动摄像机"。将鼠标移动到图层的坐标轴上，在鼠标光标改变形状后按住并拖动，即可向对应的方向移动图层对象，如图 8-3 所示。

图 8-3　移动 3D 图层

6 单击合成窗口中的"3D 视图弹出式菜单"按钮 自定义视图 1 ▼ ，在弹出的下拉菜单中选择需要的视图角度。默认选择的视图为"活动摄像机"，还有 6 种不同角度的视图和 3 个自定义视图。如果在当前合成中还创建了摄像机对象，则会显示该摄像机的视图选项，如图 8-4 所示。

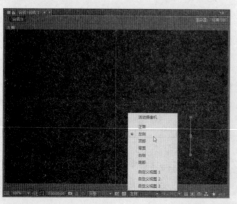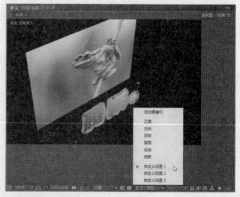

图 8-4　切换 3D 视图角度

提示

在切换当前所选预览窗口的视图角度时，也可以通过执行"视图→切换 3D 视图"命令来切换视图。按 Esc 键，可以在上一次所选视图角度与当前视图角度之前切换。

7 单击"选择视图布局"按钮 ，可以在该下拉菜单中选择需要的选项，将合成窗口设置为显示多个角度的视图及排列方式。还可以配合 按钮，单独为选择的视图设置查看角度，方便在三维编辑时准确地定位素材对象，如图 8-5 所示。

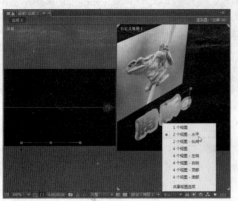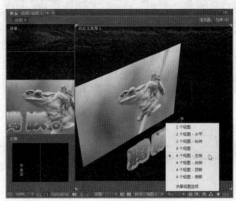

图 8-5　设置视图布局

8.1.2　实例 2　三维图层的变换编辑

素材目录	光盘\实例文件\第 8 章\案例 8.1.1\Media\
项目文件	光盘\实例文件\第 8 章\案例 8.1.2\Complete\三维图层的变换编辑.aep
案例要点	在二维合成模式下，在合成窗口中显示的画面，按照各图层在时间轴窗口中上下层位置依次显示。将图层转换为 3D 图层后，则图层在画面中的显示将完全取决于它在 3D 空间中的位置和角度

1 使用上一实例的项目文件。和在二维合成窗口中一样，可以直接使用鼠标在合成窗口中对三维图层进行移动操作。将鼠标移动到图层的方向轴上，在鼠标光标改变形状为显示当前所选轴向时，按住并拖动鼠标，即可在对应方向上移动图层。

2 直接按住图层图像的任意位置并拖动，则根据当前视图角度的平面二维方向来确定移动方向。例如，在顶面（或底部）视图中可以在图层的 X、Z 轴方向上移动图层，在正面（或背面）视图中可以在图层的 X、Y 轴方向上移动图层，在左侧（或右侧）视图中可以在图层的 Y、Z 轴方向上移动图层，在自定义视图中，则可以在任意方向上移动图层，如图 8-6 所示。

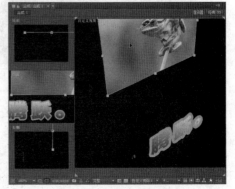

3 在工具栏中选择"旋转工具" ，然后在工具栏后面的 下拉列表中选择

图 8-6　移动图层位置

旋转方式是"方向"还是"旋转",即可在合成窗口中按住并任意旋转3D图层。同样,将鼠标移动到图层的方向轴上,在鼠标光标改变形状为显示当前所选轴向时,按住并拖动鼠标,即可在对应方向上旋转图层,如图8-7所示。

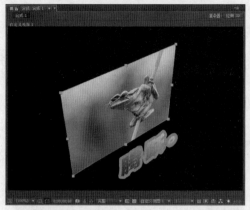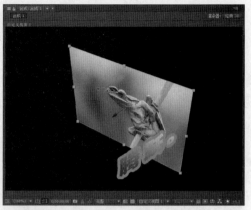

图 8-7 旋转图层

> 提示
>
> "方向"或"旋转"的区别在于创建动画时的不同:"方向"只有一组三维参数值,每个数值在0°~360°之间循环,在创建关键帧动画时,只能从一个角度一次性移动到目标角度。而三个不同的"旋转"属性都可以旋转若干圈,可以为对象创建旋转很多圈的动画。

4 在时间轴窗口中,也可以通过3D图层在"变换"属性中的选项,对图层在三维空间中的位置、缩放、角度、旋转等属性进行调整编辑,如图8-8所示。

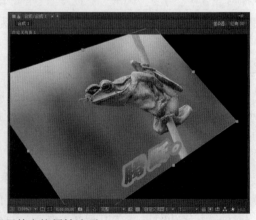

图 8-8 调整图层的变换属性选项

> 提示
>
> 执行"图层→变换→视点居中"命令,或按"Ctrl+Home"键,可以快速将所选3D图层的中心点对齐到当前视图的中心。执行"图层→变换→重置"命令,可以快速将所选图层的变换属性全部恢复到初始状态。

8.1.3　实例 3　设置三维图层的材质属性

素材目录	光盘\实例文件\第 8 章\案例 8.1.3\Media\
项目文件	光盘\实例文件\第 8 章\案例 8.1.3\Complete\设置三维图层的材质属性.aep
案例要点	对三维图层的材质选项进行设置，得到在图层与图层之间、图层与环境之间产生的投影、光线效果及环境影响效果，是在合成中实现真实空间立体效果的重要属性

1　按"Ctrl+O"键打开本实例项目文件目录中准备的"设置三维图层的材质属性.aep"文件，作为本实例的操作演示开始文件。在这个项目中提供了一个编辑了 3D 图层位置的合成，并且添加了两个灯光图层，如图 8-9 所示。

图 8-9　打开项目文件

2　执行"文件→另存为"命令，将该项目文件另存到电脑中指定的目录。

3　在时间轴窗口中展开图层 3 的属性选项，可以查看其材质选项的具体内容。通过对应的选项调整，可以对该图层在合成中的空间效果进行设置，如图 8-10 所示。

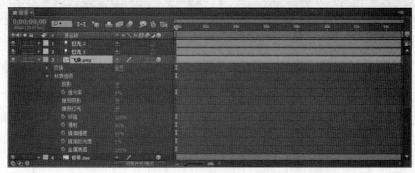

图 8-10　3D 图层的材质选项

4　"投影"选项默认为"关"状态，即不产生投影。单击该选项后面的"关"，将其切换为"开"，即可使该图层在接受可产生投影的灯光后，在灯光作用范围内的图层上形成投影，如图 8-11 所示。

5　再次单击该选项，将其切换为"仅"，则不显示该图层，只在其投射阴影的图层上显示出图像的轮廓投影，如图 8-12 所示。

6　通过设置"透光率"选项的参数值，可以调节光线穿过图层的比率。在调大这个参数值时，光线将穿透该图层中亮度较高的部分，而图层的图像颜色也将附加给投影，如图 8-13 所示。

图 8-11   开启图层的投影选项

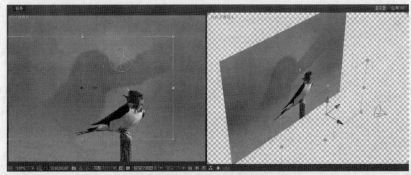

图 8-12   只显示阴影不显示图层

图 8-13   将"透光率"的数值设置为 0%和 100%的对比

7   "接受投影"选项用于设置当前层是否接受其他层投射的阴影，同样包含"开"、"关"和"仅"三个选项。例如，在时间轴窗口中将背景图层的该选项设置为"关"，那么燕子图层的投影就会消失。设置为"仅"状态，则只显示燕子图层的投影，该图层本来的图像内容将不显示，如图 8-14 所示。

图 8-14   将背景层的"接受投影"选项设置为"关"和"仅"的显示效果

8 　"接受灯光"选项用于设置当前层是否接受灯光的影响,"开"表示接受,"关"表示不接受,如图 8-15 所示。

图 8-15　将"接受灯光"选项设置为"开"和"关"的显示效果

9 　通过设置"环境"选项的数值,可以对图层接受环境灯色的强度进行调整。数值越大,在图层图像上显示出的环境灯色越明显。

10 　通过设置"漫射"选项的数值,可以对图层表面的漫反射强度进行调整。数值越大,在图层图像上反射出的灯光色越明显。

11 　"镜面强度"选项用于设置光线被图层反射出去的强度。数值越大,反射光线的强度越大。"镜面反光度"选项用于设置光线被图层反射出去的高光范围大小。数值越大,则反射出去的光线越多,图层自身显示出的高光越不明显。

12 　"金属质感"选项用于设置图层的颜色对反射高光的影响程度。为最大值时,高光色与图层原本的颜色相同。反之,则与灯光颜色相同,如图 8-16 所示。

图 8-16　将"金属质感"选项参数值设置为 100%和 0%的显示效果

8.1.4　实例 4　创建和设置摄像机

素材目录	光盘\实例文件\第 8 章\案例 8.1.4\Media\
项目文件	光盘\实例文件\第 8 章\案例 8.1.4\Complete\创建和设置摄像机.aep
案例要点	通过创建摄像机,可以得到自定义的视图角度,并且可以通过为摄像机创建关键帧动画,得到游览三维空间的影片效果。其实每个合成项目中都带有一个系统自带的摄像机:"活动摄像机"。不过要得到自定义的视图画面,就需要通过自行创建摄像机图层来实现

1 　按"Ctrl+O"键,打开本实例项目文件目录中准备的"创建和设置摄像机.aep"文件,作为本实例的操作演示开始文件。

2 　执行"图层→新建→摄像机"命令,在打开的"摄像机设置"对话框中对将要新建的摄像机进行参数设置,如图 8-17 所示。

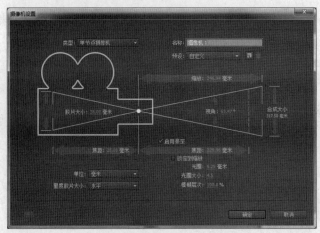

图 8-17 "摄像机设置"对话框

- 类型：用于设置创建的摄像机类型是"单节点摄像机"还是"双节点摄像机"。默认为双节点摄像机，即除了摄像机本身一个点外，还有一个可移动的"目标点"与摄像机形成一条直线来确定拍摄角度，如图 8-18 所示。单节点摄像机没有目标点，只能依靠旋转或移动摄像机来改变拍摄角度，如图 8-19 所示。

图 8-18 双节点摄像机

图 8-19 单节点摄像机

- 名称：为创建的摄像机命名。
- 预设：在该下拉列表中选择要创建的摄像机的镜头焦距。每个数值选项都是根据使用 35mm 标准电影胶片的摄像机的一定焦距的定焦镜头来设置的。选择不同的镜头焦距，下面的其他几项相关参数（变焦、视角、焦长）的数值也会不同。
- 缩放：镜头到目标拍摄平面的距离。
- 视角：镜头在场景中可以拍摄到的宽度。
- 胶片大小：有效的胶片尺寸，默认匹配合成项目的画面尺寸。
- （镜头）焦距：从胶片到摄像机镜头的距离。
- "启用景深"：勾选该选项，可以为焦距、光圈和模糊级别应用自定义变量，得到更精确的对焦效果。在焦点位置上的图像会清晰。在焦点以外的图像，相距越远或越近都越模糊，和相机的原理一致。
- 焦距：从摄像机到拍摄对象上能拍摄清楚的理想距离，即镜头到焦点的距离。
- 锁定到缩放：使焦距匹配变焦的数值，根据镜头焦距的变化而变化。
- 光圈：镜头的孔径，该数值会影响拍摄的景深效果。光圈越大，景深越明显。

- 光圈大小：现在的相机通常都是用 F 制式的光圈度量单位，该数值可以方便用户了解当前的镜头设置相对于实际中的相机光圈大小。
- 模糊层次：景深的模糊程度。默认为 100%，相当于与真实的摄像机拍摄时相同的模糊程度。
- 单位：设置摄像机各项长度数值所使用的单位。
- 量度胶片大小：设置是以水平距离、垂直距离还是对角线距离来设置胶片尺寸测量方式。

3 设置"类型"选项为"双节点摄像机"，然后在"预设"下拉列表中选择"28 毫米"，保持其他选项的默认参数，单击"确定"按钮，创建一个摄像机图层。此时单击合成窗口中的"3D 视图弹出式菜单"按钮，即可选择新建的摄像机视图，将当前选择的视图窗口切换为该视图的显示状态，如图 8-20 所示。

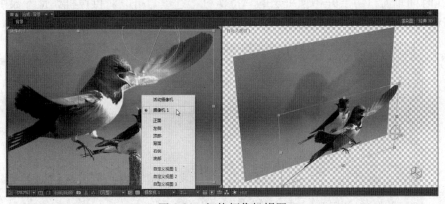

图 8-20 切换摄像机视图

提示

在编辑过程中，可以随时通过双击时间轴窗口中摄像机图层，打开其"摄像机设置"对话框，对摄像机的基本属性选项进行修改调整。

4 在合成窗口中选择摄像机对象后，将鼠标移动到其方向轴上，在鼠标光标改变形状后按住并拖动，可以调整摄像机在三维空间中的位置。同时，该摄像机拍摄到的视图画面也将发生相应的更新，如图 8-21 所示。

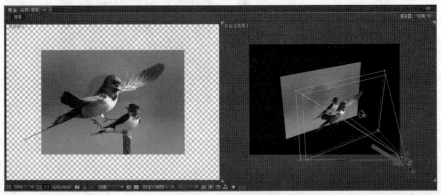

图 8-21 在 Z 轴方向上移动摄像机

5 在时间轴窗口中展开摄像机图层的"变换"选项组，也可以对其进行与一般 3D 图层相同的位置、方向和旋转角度的设置。对于双节点摄像机，还可以设置其目标点位置，确定摄像机的拍摄目标方位，如图 8-22 所示。

图 8-22　摄像机图层的"变换"选项

6 在时间轴窗口中展开摄像机层的"摄像机"选项，可以对摄像机属性参数中的基本选项进行修改设置，如图 8-23 所示。

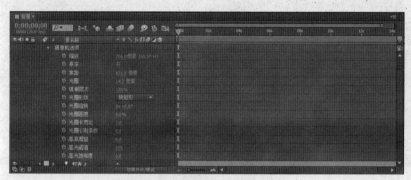

图 8-23　摄像机层的属性选项

- 缩放：设置镜头到目标拍摄平面的距离，如图 8-24 所示。

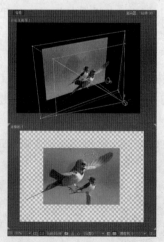

图 8-24　设置不同数值的缩放距离

- 景深：设置是否开启景深效果。在"开"状态下，会显示当前焦距数值的平面框，如图 8-25 所示。
- 焦距：设置镜头到焦点的位置，使位于焦点的对象显得清晰，前后的物体逐渐变得模糊，如图 8-26 所示。

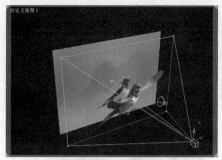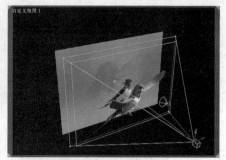

图 8-25 景深的关闭与打开状态

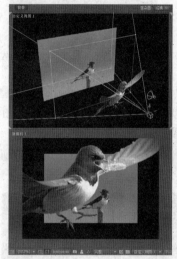

图 8-26 设置不同数值的焦距

- 光圈：在焦距确定的情况下。光圈越大，景深越明显。数值为 0 时，没有景深效果，不管离摄像机远近，都是清晰的画面，没有模糊效果，如图 8-27 所示。

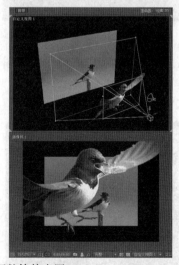

图 8-27 设置不同数值的光圈

- 模糊层次：设置景深的模糊程度，数值越大，景深效果产生的模糊越强烈。数值为 0 时没有模糊效果，如图 8-28 所示。

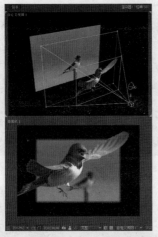

图 8-28　设置不同数值的模糊级别

　　7　在工具栏中按"统一摄像机工具" 按钮，可以在弹出的子面板中选择摄像机调整工具，将当前视图中基于摄像机的查看角度调整为需要的状态，如图 8-29 所示。

图 8-29　摄像机调整工具

- 统一摄像机工具：用于自由旋转当前所选的视图的视角，如图 8-30 所示。

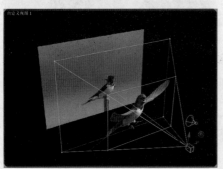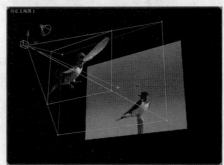

图 8-30　旋转摄像机视图

- 轨道摄像机工具：可以使摄像机视图在任意方向和角度进行旋转，与使用"统一摄像机工具"相似。
- 跟踪 XY 摄像机工具：在水平或垂直方向上移动摄像机视图，如图 8-31 所示。

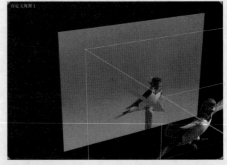

图 8-31　平移摄像机视图

- 跟踪 Z 摄像机工具：用于调整摄像机视图的深度，如图 8-32、图 8-33 所示。

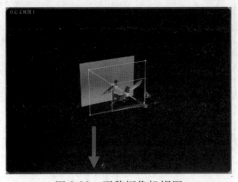

图 8-32　平移摄像机视图

图 8-33　轴向移动摄像机视图

8.1.5　实例 5　创建和设置灯光层

素材目录	光盘\实例文件\第 8 章\案例 8.1.5\Media\
项目文件	光盘\实例文件\第 8 章\案例 8.1.5\Complete\创建和设置灯光层.aep
案例要点	在 After Effects 中，可以创建 4 种不同类型的灯光，模拟各种灯光效果，使制作的三维空间画面更逼真。还可以通过设置灯光颜色，营造立体空间的画面气氛，影响画面图像的色彩

1　在项目窗口中的空白处双击鼠标左键，打开"导入文件"对话框，选择本实例素材目录中准备的素材文件并导入。

2　将导入的图像素材加入空白的时间轴窗口中，以其图像属性创建一个合成。选择文字工具，在合成窗口中输入文字并设置好字符属性，如图 8-34 所示。

3　将时间轴窗口中的两个图层都转换成 3D 图层，然后将文字图层沿 Z 轴方向向外移动一定距离，如图 8-35 所示。

图 8-34　创建合成并编辑图层

图 8-35　创建三维合成

4　执行"图层→新建→摄像机"命令，创建一个 35 毫米的双节点摄像机，然后在时间轴窗口中对摄像机图层的"景深"、"光圈"选项进行设置，如图 8-36 所示。

5　在合成窗口中设置视图为水平左右两个视图，并切换其中一个视图角度为创建的摄像机视图，如图 8-37 所示。

6　执行"图层→新建→灯光"命令，在打开的"灯光设置"对话框中，对要创建的灯光层进行参数设置。在"名称"栏中为创建的灯光层命名后，在"灯光类型"下拉列表中设置要创建的灯光类型，模拟灯光效果，如图 8-38 所示。

图 8-36 设置摄像机属性

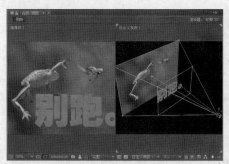

图 8-37 切换视图显示

7 选择一种灯光类型后，可以在下面的选项中对该灯光的属性进行设置，包括灯光颜色、光照强度等。不同的灯光类型具有不同的属性，其选项参数也不同。

- 平行：光线从光源照向目标位置，光线平行照射，光照范围无限远，可以照亮场景中位于目标位置的每个对象，如图 8-39 所示。

图 8-38 选择灯光类型

图 8-39 设置平行光源

> **提示**
>
> 创建的灯光（环境光除外）可以使 3D 图层的物体产生阴影，但需要在灯光层的属性选项中将"投影"选项设置为"开"，同时将 3D 图层的"接受阴影"属性也设置为"开"。

- 聚光：光线从一个点发射，以圆锥形呈现放射状照向目标位置。被照射对象形成一个圆形的光照范围，通过调整"锥形角度"可以控制照射范围的面积，如图 8-40 所示。

图 8-40 设置聚光灯源

- 点：光线从一个点发射向四周扩散。物体距离光源点越远，受光照强度越弱，类似于房间里面的灯泡效果，如图 8-41 所示。

图 8-41 设置点光源

- 环境：没有发射光源，所以不能被选择或移动。可以照亮场景中的所有物体，但无法产生投影。常用于通过设置灯光颜色，为整个画面渲染环境色调，如图 8-42 所示。

图 8-42 设置了光色的环境光源

8 依次在时间轴窗口中创建 4 种类型的灯光图层，然后分别展开它们的"灯光选项"。可以看见 4 种类型灯光的属性选项，有相同的选项，也有该类型特有的选项，如图 8-43 所示。

图 8-43 各类型灯光的属性选项

- 强度：设置灯光强度。强度越高，灯光越亮，场景受到的照射就越强。当把强度的值设置为 0 时，场景就会变黑。设置为负值时，可以去除场景中的某些颜色，也可以吸收其他灯光的强度，如图 8-44 所示。
- 颜色：设置灯光的颜色。
- 衰减：设置模拟真实灯光的传播衰减方式，离光源越远，则受光越轻。在不同的灯光类型中，可以通过设置"半径"或"衰减距离"来调整灯光对受光对象的影响程度。
- 锥形角度：设置锥形灯罩的角度。只有聚光灯灯光有此属性，主要用来调整灯光照射范围的大小，角度越大，光照范围越广，如图 8-45 所示。

图 8-44 设置不同的灯光强度

图 8-45 设置不同的锥形角度

- 锥形羽化：设置锥形灯罩范围的羽化值。只有聚光灯灯光有此属性，才可以使聚光灯的照射范围产生边缘羽化效果，如图 8-46 所示。

图 8-46 设置不同的锥形羽化

- 投影：默认为"关"状态，单击该选项可以切换为"开"状态，可以使被照射对象在场景中产生投影。
- 阴影深度：设置灯光照射物体后所产生阴影的深度，如图 8-47 所示。

图 8-47 设置不同的阴影深度

- 阴影扩散：设置阴影的扩散程度，主要用于控制层与层之间的距离产生的漫反射效果，如图 8-48 所示。

图 8-48　设置不同的阴影扩散程度

8.2　项目应用——编辑三维空间动画"节目导视"

素材目录	光盘\实例文件\第 8 章\项目 8.2.1\Media\
项目文件	光盘\实例文件\第 8 章\项目 8.2.1\Complete\节目导视.aep
输出文件	光盘\实例文件\第 8 章\项目 8.2.1\Export\节目导视.flv
操作点拨	将二维图层转换为三维图层后，除了增加了 Z 轴维度和光影属性外，对图层的编辑方法与对二维图层的编辑完全相同。利用 3D 图层的空间特性来营造立体空间并编辑关键帧动画，可以得到突破平面的精彩动画效果

本实例的最终完成效果如图 8-49 所示。

图 8-49　影片完成效果

　　1　在项目窗口中的空白处双击鼠标左键，打开"导入文件"对话框，选择本实例素材目录中准备的音频文件并导入。

　　2　按"Ctrl+N"键，新建一个"NTSC DV"的合成，设置其持续时间为 12 秒。

3 在时间轴窗口中单击鼠标右键并选择"新建→纯色"命令，创建一个蓝色的纯色图层。

4 在时间轴窗口中将新建的纯色图层转换为 3D 图层，然后将其放大到 700%，并在其"材质选项"中将"投影"选项设置为"开"，如图 8-50 所示。

5 选择纯色图层并按"Ctrl+D"键进行复制，然后将复制得到的图层在 X 轴方向上旋转 90°，如图 8-51 所示。

图 8-50 设置 3D 图层 　　　　　　　　　　图 8-51 复制图层并旋转

6 将合成窗口设置为两个水平视图，切换其中一个为"左侧"视图，然后将其中水平的图层向下移动到靠近视图底边，将垂直的图层向右移动到与水平图层相交的末尾，如图 8-52 所示。

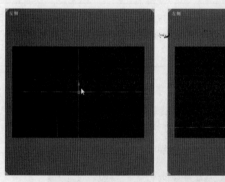

图 8-52 调整图层位置

7 在时间轴窗口中单击鼠标右键并选择"新建→纯色"命令，新建一个红色的纯色层。将其转换为 3D 图层，然后在左视图中将其向上移动到适当的位置（360.0,162.0,0.0），如图 8-53 所示。

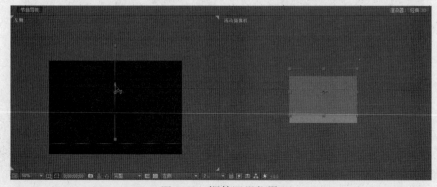

图 8-53 调整图层位置

8 在时间轴窗口中展开红色图层的"材质选项",将"投影"选项设置为"开"。

9 在时间轴窗口中单击鼠标右键并选择"新建→摄像机"命令,新建一个"预设"为 28 毫米的双节点摄像机,将其在左视图中向右移动适当的距离(256.0,150.0,-743.0),然后调整好目标点的位置(256.0,152.0,-6.0),得到摄像机略微向上仰拍的效果,如图 8-54 所示。

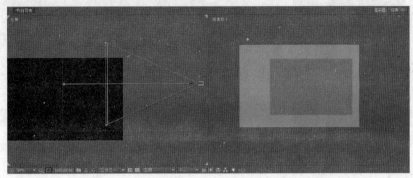

图 8-54　新建摄像机

10 在时间轴窗口中单击鼠标右键并选择"新建→灯光"命令,打开"灯光设置"对话框,创建一个平行灯光层,设置灯光颜色为白色,强度为 150%,单击"确定"按钮后,在时间轴窗口中设置好灯光的位置、目标点、作用半径和衰减距离,如图 8-55 所示。

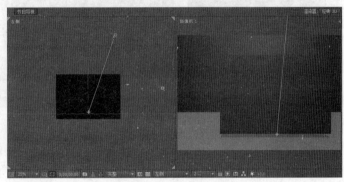

图 8-55　添加平行灯光

11 执行新建灯光层命令,新建一个环境,设置颜色为浅蓝色,灯光强度为 50%,如图 8-56 所示。

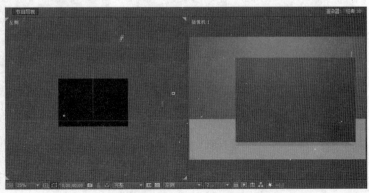

图 8-56　添加环境灯光

12 新建一个点光源层，设置灯光颜色为浅蓝色，强度为 100%，在时间轴窗口中设置好位置、作用半径和衰减距离等参数，如图 8-57 所示。

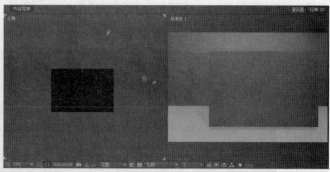

图 8-57　添加点光源

13 新建一个聚光灯层，设置灯光颜色为白色，强度为 200%，在时间轴窗口中设置好位置、锥形角度、锥形羽化范围、作用半径和衰减距离等参数，如图 8-58 所示。

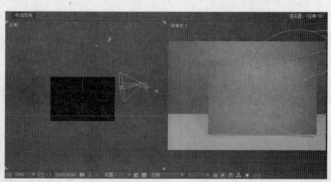

图 8-58　添加聚光灯

14 选择时间轴窗口中的红色纯色图层，然后在工具栏中选择"圆角矩形工具" ▢，在合成窗口中沿红色矩形的外轮廓绘制蒙版，得到一个圆角矩形纯色图层，如图 8-59 所示。

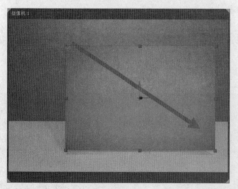

图 8-59　绘制蒙版

15 在工具栏中选择"钢笔工具" ▨，在合成窗口中红色圆角矩形的右下角绘制一个四边形蒙版，如图 8-60 所示。

16 在时间轴窗口中展开红色纯色图层的蒙版选项，设置蒙版 2 的合成模式为"相减"，得到从蒙版 1 的圆角矩形中减去蒙版 2 的四边形后的合成效果，如图 8-61 所示。

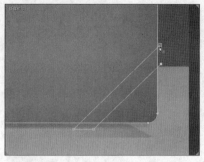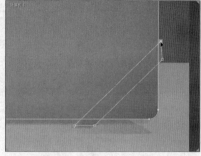

图 8-60　继续绘制蒙版

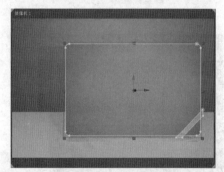

图 8-61　设置蒙版合成模式

- 无：只显示蒙版的形状，不产生蒙版效果，在需要为蒙版路径添加特效时使用，如图 8-62 所示。
- 相加：默认的合成模式，当图层中有多个蒙版时，可以显示前后蒙版相加的所有区域，如图 8-63 所示。

图 8-62　"无"模式　　　　　　　　　　　图 8-63　"相加"模式

- 相减：与"相加"的效果相反，将蒙版区域变为透明，区域外的不透明。在有多个蒙版相交时，下层的蒙版会将与上层蒙版重叠的部分减去，如图 8-64 所示。
- 交集：只显示两个蒙版重叠的区域，但必须两个都使用"交集"模式，否则将不会显示重叠部分，如图 8-65 所示。
- 变亮：该模式需要两个以上的蒙版重叠在一起，然后将它们的"不透明度"数值降低，此时蒙版重叠的区域的亮度就会叠加，如图 8-66 所示。如果所有蒙版的合成模式都设置为"变亮"，则重叠区域的亮度将会相互覆盖，如图 8-67 所示。
- 变暗：该模式从下层向上层蒙版进行重叠区域的显示，没有重叠的区域将变得透明，如果上下层蒙版的"不透明度"参数不同，则以最低的参数值显示重叠区域，如图

8-68 所示。如果"变暗"模式设置在上层,则无效果,如图 8-69 所示。

图 8-64 "相减"模式

图 8-65 "交集"模式

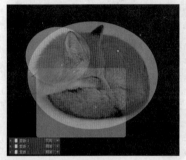

图 8-66 上层蒙版设置"变亮"模式

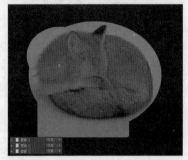

图 8-67 全部为"变亮"模式

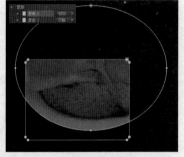

图 8-68 下层蒙版设置"变暗"模式

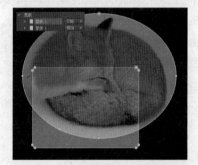

图 8-69 上层蒙版设置"变暗"模式

- 差值:该模式可以使多个重叠的蒙版中不相交的部分正常显示,使相交的部分变透明,如图 8-70 所示。
- 反转:勾选该复选项,可以反转当前蒙版的显示范围,如图 8-71 所示。勾选多个,可以执行多次反转。

图 8-70 "差值"模式

图 8-71 "反转"合成模式

17 选择文字工具，在合成窗口中的圆角矩形内输入节目预告的信息文字，在"字符"面板中设置好其文字属性，如图 8-72 所示。

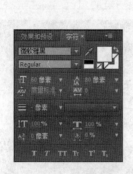

图 8-72　编辑文字信息

18 在时间轴窗口中将编辑好的文字图层转换为 3D 图层，将其移动到合适的位置后，为其添加"效果→透视→投影"特效，然后在"效果控件"面板中设置阴影颜色为深蓝色，不透明度为 30%，投影距离为 8 像素，边缘柔和距离为 5 像素，如图 8-73 所示。

图 8-73　为文字添加投影效果

19 在工具栏中选择"直排文字工具" ，在合成窗口中输入"节目导视"，将其转换为 3D 图层并在其"材质选项"中打开"投影"选项，然后通过"字符"面板为其设置合适的文字属性，在合成窗口中将其调整到合适的位置，如图 8-74 所示。

图 8-74　编辑文字信息

20 选择红色纯色图层，按 P 键后，按住 Shift 键并按 R 键，展开图层的"位置"和"旋转"选项，为其创建在开始到第 3 秒，在水平方向上旋转飞入画面的关键帧动画，然后在顶面视图中对动画的路径进行调整，如图 8-75 所示。

		00:00:00:00	00:00:03:00	
⏱	位置	-800.0,162.0,0.0	360.0,162.0,0.0	
⏱	Y 轴旋转	-1x+0.0°	0.0°	

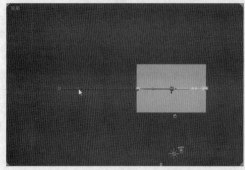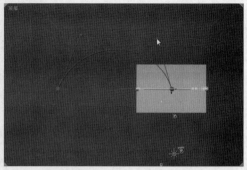

图 8-75　编辑关键帧动画并调整运动路径

21 在时间轴窗口中选择"位置"和"Y 轴旋转"的结束关键帧，为它们设置缓入动画效果，如图 8-76 所示。

图 8-76　为关键帧设置缓入效果

22 在时间轴窗口中的面板名称栏上单击鼠标右键，在弹出的菜单中选择"列数→父级"命令，显示出父级面板。按住节目预告文字信息图层中的◎按钮并拖拽到红色纯色图层上，将其设置为红色纯色图层的子图层，使文字图层得到与其同步的关键帧动画，如图 8-77 所示。

图 8-77　设置父子图层

23 展开"节目导视"文字图层的"位置"和"旋转"选项，同样为其创建在水平方向上旋转飞入画面的关键帧动画，设置结束关键帧为缓入效果，然后在顶面视图中对动画的路径进行调整，如图 8-78 所示。

24 将项目窗口中的音频素材加入时间轴窗口中，作为影片合成的背景音乐。按"Ctrl+S"键，保存编辑完成的工作。

		00:00:00:00	00:00:03:00	
⏱	位置	680.0,-70.0,-300.0	-108.0,-70.0,0.0	
⏱	Y 轴旋转	-1x+0.0°	0.0°	

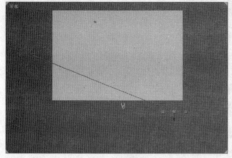

图 8-78　编辑关键帧动画并调整运动路径

25 按 "Ctrl+M" 键，将编辑好的合成添加到渲染队列中，设置合适的渲染输出参数，将编辑好的合成项目输出成影片文件，欣赏完成效果，如图 8-79 所示。

图 8-79　观看影片完成效果

8.3　练习题

在三维合成中编辑图层空间立体动画

打开本书配套光盘中的实例文件\第 8 章\练习 8.3.1\Export\体坛面面观.FLV 文件，如图 8-80 所示，利用本练习实例素材目录下准备的文件，应用本章中学习的在三维合成中编辑立体空间动画的方法，完成此练习实例的制作。

图 8-80　观看影片完成效果

1 将导入的素材文件依次加入时间轴窗口中，并将所有图像素材图层都设置为 3D 图层。选择 Sport 1.jpg~Sport 8.jpg 图层，按 A 键展开"锚点"选项，将这些图层的锚点位置的

X 参数修改为–350.0，即为所有图层指定相同位置的旋转中心点，如图 8-81 所示。

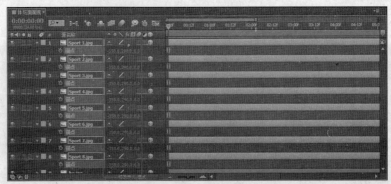

图 8-81　修改素材图层持续时间

2　展开图层"bg"的属性选项，将其"位置"的 Y 参数修改为 600.0，"缩放"数值修改为 500%，"X 轴旋转"的数值修改为 90°，作为地面图像层。

3　选择 Sport 2.jpg~Sport 8.jpg 图层，按 R 键展开图层的旋转选项，对所有图层的"Y 轴旋转"参数依次递增 45°，使 8 张图片排列成一个环形，如图 8-82 所示。

 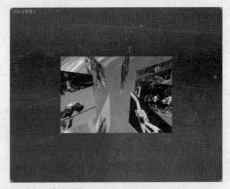

图 8-82　修改图层轴心点位置

4　选择图层 Sport 1.jpg 并按 R 键展开其旋转选项。将时间指针定位在开始位置，然后选择 Sport 1.jpg~Sport 8.jpg 图层，按下"Y 轴旋转"选项前面的"时间变化秒表" 按钮，在该位置创建关键帧。将时间指针移动到结束位置，依次分别将各个图层的"Y 轴旋转"选项参数中的 0x 修改为 3x，即为这些图片所排列的环形，创建从开始到结束旋转 3 圈的关键帧动画，如图 8-83 所示。

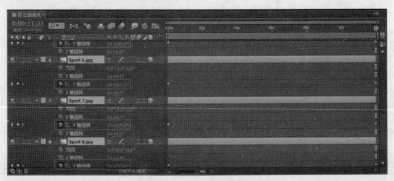

图 8-83　创建旋转动画

5　重新选择 Sport 1.jpg~Sport 8.jpg 图层，展开它们的"材质选项"，并将"投影"选项设置为"开"，使这些图层都可以在接受光照后产生投影。

6　在时间轴窗口中将时间指针定位到开始的位置。执行"图层→新建→灯光"命令，新建一个聚光灯图层，设置光照"强度"为 120%，开启"投影"选项并设置"阴影深度"为 60%。然后将灯光的位置移动到"330.0,–415.0,–1000.0"的位置，将其目标点定位到 300.0,600.0,0.0。

7　再次新建一个灯光图层，设置灯光类型为"环境"，光照"强度"为 80%，如图 8-84 所示。

图 8-84　新建并设置环境灯光

8　新建一个 28 毫米的双节点摄像机，修改其"目标点"参数为 330.0,300.0,–660.0；"位置"参数为"–1080.0,140.0,–900.0"，完成摄像机初始位置的定位。

9　将时间指针移动到第 3 秒的位置，然后按下"目标点"、"位置"选项前的"时间变化秒表"按钮；移动时间指针到第 9 秒的位置，修改"目标点"参数为"360.0,400.0,–50.0"，"位置"参数为"360.0,–440.0,–270.0"，为摄像机创建关键帧动画，如图 8-85 所示。

图 8-85　创建关键帧动画

10　将时间指针移动到第 3 秒的位置，在时间轴窗口中选择摄像机的"位置"参数在第 9 秒的关键帧，将合成窗口的视图切换到"顶部"视图，拖动摄像机的动画路径中在关键帧上的控制点，将动画路径由直线调整为曲线，如图 8-86 所示。

11　将时间指针移动到第 9 秒的位置，执行"图层→新建→文本"命令，新建一个文本图层，输入文字"体坛面面观"，并在"字符"面板中设置好文字属性。

12　在工具面板中选择"椭圆工具"，在文本图层上按住"Shift"键绘制一个圆形的蒙版，然后在文本图层的属性选项中展开"路径选项"并在"路径"下拉列表中选择新绘制的蒙版作为文本对象的对齐路径，并将"反转路径"、"垂直于路径"、"强制对齐"选项都设

置为开启，设置"首字边距"为45.0，使文本对象形成一个环形，如图8-87所示。

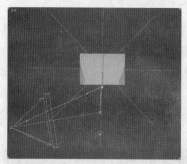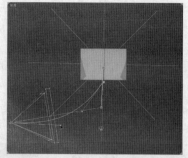

图8-86 调整关键帧动画的路径

图8-87 设置文本对齐路径

13 打开文本图层的3D开关，展开文本的"变换"选项，将其"锚点"参数修改为"328.5，-23.5,0.0"；将"位置"参数修改为"360.0,530.0,5.0"；将"X轴旋转"参数修改为-90°，将3D文本图层放置在8张图片所形成的圆环中心，如图8-88所示。

图8-88 排列文本图层

14 在文本图层的入点位置，展开图层的"位置"和"旋转"选项，为文本图层创建从地面层之下往上逐渐显现的关键帧动画，并将两个结束关键帧都设置为缓入，如图8-89所示。

图8-89 创建关键帧动画

第 9 章　影视特效综合实战

 本章重点

➢ 电视栏目片头——财经资讯
➢ 纪录片片头——中华文字发展史
➢ 电视栏目片头——揭秘
➢ 时尚活动片头——纽约秋季时装秀

9.1　项目 1　电视栏目片头——财经资讯

素材目录	光盘\实例文件\第 9 章\实战案例 9.1\Media\
项目文件	光盘\实例文件\第 9 章\实战案例 9.1\Complete\财经资讯.aep
输出文件	光盘\实例文件\第 9 章\实战案例 9.1\Export\财经资讯.flv
案例分析	在实际工作中编辑的项目，并不都需要大量的特效来制作复杂的变化特效，有时候过于纷繁、凌乱的特效堆积，反而会使画面混乱，失去表现主体的基本目的。更多是需要根据实际的情况，分析项目的内容特点、风格类型等因素来设计动态效果。本实例是为一个经济资讯类电视栏目设计制作的片头动画，就是一个单纯的利用预设文字动画特效，配合背景画面的动态表现和背景音乐的动感气氛，恰当展现栏目特点与风格的典型应用 (1) 通过对编辑好的文字图层进行复制和修改，编辑出各条所需的文字条目 (2) 在为一个文字图层应用多个预设动画特效时，需要先定位好时间指针的位置，然后展开图层的属性选项，任意单击时间轴窗口中的空白处取消对前一预设动画的"时间变化秒表"的选择状态，然后再添加新的预设动画，才能在时间指针的当前位置开始新的动画效果 (3) 根据动画设计的编辑需要，对应用的预设文字动画效果进行关键帧时间位置的调整，得到协调流畅的文字动画 (4) 在完成影片项目的编辑操作时，最好进行内存播放预览，对于需要调整的地方及时修改完善后，再执行渲染输出

实例的最终完成效果如图 9-1 所示。

   1 按下"Ctrl+I"快捷键，打开"导入文件"对话框后，导入本实例素材目录下准备的视频和音频文件，如图 9-2 所示。

   2 按下"Ctrl+S"快捷键，在打开的"另存为"对话框中，为项目文件命名并保存到电脑中指定的目录。

   3 将视频素材"bg.avi"加入到时间轴窗口中，直接以该素材的视频属性创建合成。

   4 将音频素材"music.wav"加入时间轴窗口中，作为影片的背景音乐。为避免在后面的编辑中对背景造成误操作，可以先将它们锁定，如图 9-3 所示。

图 9-1　案例完成效果

图 9-2　导入文件

图 9-3　编辑背景内容

　　5　在工具栏中选择"横排文本工具"，在合成窗口中输入文字"透视经济热点"，设置文字填充色，并分别为其中的文字设置不同的字体、字号和描边宽度，如图 9-4 所示。

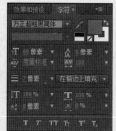

图 9-4　编辑文字条目

　　6　在时间轴窗口中的文字图层上单击鼠标右键，在弹出的菜单中选择"效果→透视→投影"命令，为文字图层应用深蓝色的投影效果，如图 9-5 所示。

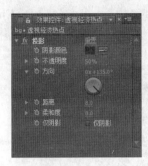

图 9-5　应用投影特效

7　在时间轴窗口中选择文字图层并按两次"Ctrl+D"键,然后分别双击复制得到新图层,进入其文字内容的编辑状态,将它们分别修改为新的文字内容,如图 9-6 所示。

图 9-6　修改新图层的文字内容

8　为方便接下来的编辑操作,先在时间轴窗口中暂时将新复制得到的文字图层隐藏。将时间指针移动到开始的位置,然后打开"特效和预设"面板,选择 "动画预设→Text(文字)→3D Text(3D 文字)→3D Flutter In From Left(3D 从左侧飘入)"特效,将其添加到合成窗口中的文字对象上,为其应用该动画特效,如图 9-7 所示。

图 9-7　应用预设文字特效

9　将时间指针移动到第 3 秒的位置,展开文字图层的属性选项,任意单击时间轴窗口中的空白处,取消对前一预设动画的"时间变化秒表"的选择状态,然后从"效果和预设"面板中为文字图层添加"Text（文字）→Animate Out（动画飞出）→Fade Out By Character（逐字符淡出）"特效，编辑出文字在旋转飞入后，从第 3 秒的位置从左向右逐字淡出的动画效果，如图 9-8 所示。

图 9-8　编辑文字飞出动画

10 展开图层的"动画 1"选项，将"起始"选项的结束关键帧移动到 0:00:04:10 的位置结束，调整预设动画的时间位置，如图 9-9 所示。

图 9-9　调整预设动画的时间位置

11 使用同样的方法，可以自行尝试其他的预设文字动画效果，编辑另外两个文字条目在飞入画面后，停顿一秒再飞出的动画，通过展开图层的属性选项，对预设动画的关键帧时间位置进行调整，得到第二个文字条目从 0:00:04:15 开始飞入，在 0:00:08:20 飞出画面；第三个文字条目从 0:00:08:25 开始飞入，在 0:00:13:00 淡出画面的动画效果，如图 9-10 所示。

图 9-10　编辑文字动画

12 选择"横排文本工具" ⊤，在合成窗口中输入标题文字"财经资讯"，通过"字符"面板设置好文字的字体、字号等属性，如图 9-11 所示。

13 在该文字图层上单击鼠标右键并选择"图层样式→渐变叠加"命令，为其设置三色渐变填充，如图 9-12 所示。

14 为标题添加描边和投影图层样式，在时间轴窗口中设置好图层样式的效果参数，完成效果如图 9-13 所示。

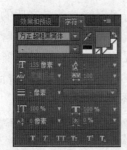

图 9-11 编辑标题文字

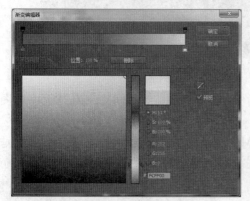

图 9-12 设置渐变填充图层样式

图 9-13 设置描边和投影图层样式

15 将标题文字图层的入点调整到 0:00:13:00 的位置，然后为其添加预设的 3D Flutter in Random Order（3D 随机飘下）动画特效，并在时间轴窗口中调整动画的结束关键帧到 0:00:14:25 结束，完成效果如图 9-14 所示。

图 9-14 编辑标题文字动画

16 按"预览"面板中的"RAM 预览"按钮█，执行可以播放背景音乐的内存预览。预览播放完毕后，可以发现标题文字动画刚刚停止，合成就结束了，显得有些唐突。背景音乐文件中，在播放 1 秒时才开始响起音乐，需要做时间位置的调整：在时间轴窗口中取消对背景视频和背景音乐图层的锁定状态。展开"伸缩"面板，将背景视频图层的持续时间调整为18 秒，将背景音乐图层的入点向前移动 1 秒的距离，如图 9-15 所示。

图 9-15　调整背景图层的时间

17 按"Ctrl+K"键打开"合成设置"对话框，将合成的持续时间修改为 18 秒，如图 9-16 所示。

18 按"Ctrl+S"键保存项目。按"Ctrl+M"键，打开"渲染队列"面板，设置合适的渲染输出参数，将编辑好的合成项目输出成影片文件，欣赏完成效果，如图 9-17 所示。

图 9-16　修改合成持续时间

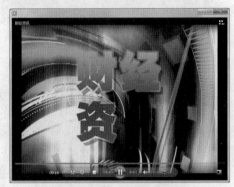

图 9-17　影片完成效果

9.2　项目 2　纪录片片头——中华文字发展史

素材目录	光盘\实例文件\第 9 章\实战案例 9.2\Media\
项目文件	光盘\实例文件\第 9 章\实战案例 9.2\Complete\中华文字发展史.aep
输出文件	光盘\实例文件\第 9 章\实战案例 9.2\Export\中华文字发展史.flv
案例分析	本实例是一个以汉字发展历史研究为主题的纪录片设计制作的标题片头。主要通过为纯色图层绘制蒙版并编辑蒙版形状的关键帧动画，表现文字字形从青铜器金文变化发展为小篆，再进一步发展出楷书字体的一段演变历程 （1）在纯色图层上依次绘制蒙版，设置蒙版的"相减"合成模式，得到从上一蒙版的范围中镂空出文字字形的轮廓蒙版 （2）编辑好三个阶段文字字形蒙版的关键帧变形动画效果，添加投影特效并编辑合适的效果参数，完成影片项目的编辑

实例的最终完成效果如图 9-18 所示。

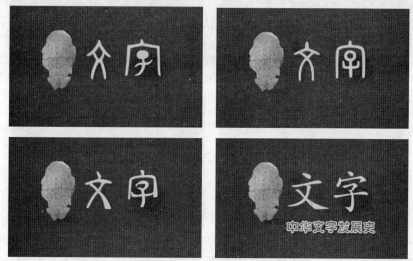

图 9-18 案例完成效果

1 按"Ctrl+I"键打开"导入文件"对话框后，导入本实例素材目录下准备的素材文件。按"Ctrl+S"键在打开的"另存为"对话框中为项目文件命名并保存到电脑中指定的目录。

2 将导入的图像素材加入时间轴窗口中，直接以该素材的图像属性创建合成。

3 将音频素材加入时间轴窗口中，作为影片的背景音乐。为避免在后面的编辑中对背景造成误操作，可以先将它们锁定。

4 按"Ctrl+K"键打开"合成设置"对话框，将合成的持续时间修改为 12 秒，如图 9-19 所示。

5 在时间轴窗口中单击鼠标右键并选择"新建→纯色"命令，新建一个填充色为黄色的纯色图层，如图 9-20 所示。

图 9-19 修改合成持续时间

图 9-20 新建纯色图层

6 为方便接下来绘制蒙版时确定好合适的位置，可以先将纯色图层设置为半透明：按 T 键展开图层的"不透明度"选项，将其参数值设置为 70%，如图 9-21 所示。

7 选择"钢笔工具"，在合成窗口中的合适位置绘制如图 9-22 所示的"文"字金文形状蒙版，并将蒙版路径的曲线调整流畅。

8 在蒙版形状的中间绘制一个四边形并调整好形状后，在时间轴窗口中将新绘制的蒙版 2 的合成模式设置为"相减"，从蒙版 1 的范围中镂空出"文"字的轮廓，如图 9-23 所示。

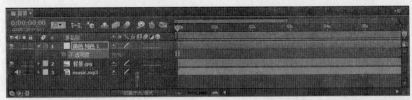

图 9-21　设置图层不透明度

 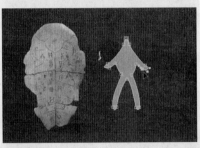

图 9-22　绘制蒙版

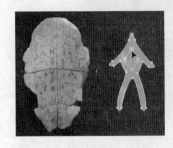  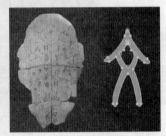

图 9-23　设置蒙版合成模式

9　将时间指针定位在第 2 秒的位置，按蒙版 1 和蒙版 2 中"蒙版路径"选项前面的"时间变化秒表"按钮，创建关键帧，然后在第 5 秒的位置添加关键帧并修改两个蒙版路径的形状，得到小篆体"文"字的轮廓形状，如图 9-24 所示。

10　在第 6 秒、第 9 秒的位置添加关键帧，并修改第 9 秒关键帧上两个蒙版路径的形状，得到楷书体"文"字的轮廓形状，如图 9-25 所示。

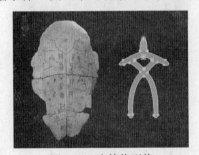 

图 9-24　小篆体形状　　　　　　　　　　　图 9-25　楷书体形状

提示

执行"视图→显示标尺"命令，在合成窗口边缘显示出标尺后，可以在横向或纵向标尺上按下鼠标左键并向合成窗口中拖动来创建参考线，以方便在绘制和调整形状时确定变化范围，如图 9-26 所示。参考线不会输出到渲染影片中，不需要在合成窗口中显示时，可以执行"视图→显示参考线"命令进行切换。

图 9-26　绘制和显示参考性

11 在时间轴窗口中展开两个蒙版形状的选项组，并将它们的"蒙版羽化"选项都设置为 1 像素，使蒙版动画文字的边缘变得柔和自然，如图 9-27 所示。

图 9-27　设置蒙版边缘羽化效果

12 为图层创建从开始到第 1 秒，不透明度从 0%～100%的淡入动画，完成"文"字的变形动画编辑，如图 9-28 所示。

图 9-28　编辑不透明度关键帧动画

13 使用同样的方法，新建一个纯色图层并绘制蒙版，通过设置蒙版的合成模式，编辑"文字"的金文、小篆、楷书字体变形动画，再设置 1 个像素的蒙版边缘羽化并完成淡入动画的编辑，如图 9-29 所示。

图 9-29　编辑蒙版形状变形动画

14 在时间轴窗口中选择编辑好了蒙版动画的两个纯色图层，为其添加"效果→透视→投影"特效，如图 9-30 所示。

图 9-30　添加"效果→透视→投影"特效

15 选择文字工具，在合成窗口中输入副标题文字"中华文字发展史"，为其设置合适的字体、字号、填充色并添加"投影"图层样式后，将其移动到合适的位置，如图 9-31 所示。

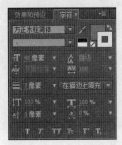

图 9-31　编辑副标题文字

16 为编辑好的副标题文字创建从第 10 秒到第 11 秒的淡入动画，完成影片内容的编辑，如图 9-32 所示。

图 9-32　编辑文字淡入动画

17 按"Ctrl+S"键保存项目。按"Ctrl+M"键，打开"渲染队列"面板，设置合适的渲染输出参数，将编辑好的合成项目输出成影片文件，欣赏完成效果，如图 9-33 所示。

图 9-33　播放影片完成效果

9.3　项目 3　电视栏目片头——揭秘

素材目录	光盘\实例文件\第 9 章\实战案例 9.3\Media\
项目文件	光盘\实例文件\第 9 章\实战案例 9.3\Complete\揭秘.aep
输出文件	光盘\实例文件\第 9 章\实战案例 9.3\Export\揭秘.flv
案例分析	创造性特效命令可以突破在图像平面上的局限，产生多种创新性变化效果。将编辑好了内容的合成项目以素材的形式嵌入在其他合成中使用，可以制作出一般素材不能实现的特殊效果。本实例是为一个历史事件揭秘栏目制作的片头，使用了一个创造性特效来编辑模拟 3D 空间动画，并且用合成作为素材层来实现特殊的动画效果 （1）新建合成，为纯色图层应用梯度渐变特效，编辑用于在碎片特效中作为爆炸运动方向引导的渐变图层 （2）添加碎片特效并设置相关参数，实现碎片发生并按从左向右的方向运动 （3）通过为爆炸动画图层启用时间重映射功能并编辑关键帧动画，实现爆炸动画的反向倒放 （4）添加副标题文字并应用预设文字动画特效，完成影片内容的编辑

实例的最终完成效果如图 9-34 所示。

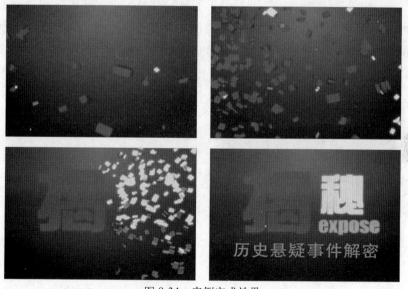

图 9-34　案例完成效果

1　按"Ctrl+I"键打开"导入文件"对话框后，导入本实例素材目录下准备的素材文件。按"Ctrl+S"键，在打开的"另存为"对话框中为项目文件命名并保存到电脑中指定的目录，如图 9-35 所示。

2　按"Ctrl+N"键，新建一个合成项目"渐变"，选择预设模式为"NTSC DV"，持续时间为 6 秒，如图 9-36 所示。

3　在时间轴窗口中单击鼠标右键并选择"新建→纯色"命令，新建一个纯色图层，为其应用"效果→生成→梯度渐变"特效，在"效果控件"面板中为其设置从黑到白的线性渐变效果，如图 9-37 所示。

图 9-35　导入素材

图 9-36　新建合成

图 9-37　应用梯度渐变特效

4　按"Ctrl+N"键新建一个合成项目"爆炸"，然后将项目窗口中的合成"渐变"、纯色图像和导入的图像素材、音频素材加入时间线窗口中，并取消合成图层"渐变"的显示，如图 9-38 所示。

图 9-38　新建合成并编排素材

5　为纯色图层应用渐变特效，在"效果控件"面板中为其设置从蓝色到黑色的径向渐变效果，如图 9-39 所示。

图 9-39　应用梯度渐变效果

6　选择标题文字图层，为其应用"效果→模拟→碎片"特效，如图9-40所示。

图9-40　添加碎片特效

- 视图：选择在视窗中的观察方式。"线框"和"线框正视图"都不显示实体，只显示线框。其中"线框正视图"会根据镜头机位的改变而改变显示。"线框+作用力"会在线框显示的基础上标注受力情况；"已渲染"会直接显示最终效果。
- 渲染：设置渲染图像的部分。"全部"渲染所有图像，"图层"只渲染不爆炸的部分，"块"只渲染碎块部分。
- 形状：设置爆炸产生碎块形状的相关参数，包括形状、爆炸重复次数、方向、起点、碎片厚度等。
- 作用力1、2：设置用于生成爆炸的作用力参数，包括设置力量的作用点位置、深度、半径范围、力量大小等选项。
- 渐变：设置用于生成爆炸的渐变效果。
- 物理学：设置爆炸的各种物理参数，包括碎片的旋转速度、旋转的定位轴，碎片飞行的随机度、黏合度，重力的大小、方向、渐变倾向等。
- 纹理：设置爆炸碎片的颜色、不透明度、纹理、摄像机模式等各种参数。
- 灯光：设置爆炸三维空间的光照模式，包括设置灯光的类型、光照强度、光照颜色、光源位置、光线传播的最远距离、环境光大小等参数。
- 材质：设置爆炸所产生碎块的材质属性，包括漫反射系数（数值越高，碎块表面越显得粗糙）、镜面反射系数（数值越高，碎块表面越显得光滑）、高光区域范围等参数。

7　在"效果控件"面板中，设置"视图"为"已渲染"；展开"形状"选项，设置"图案"为"正方块及三角形"，"重复"为30，"凸出深度"为0.50，如图9-41所示。

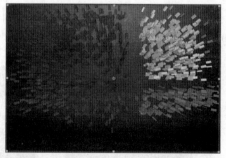

图9-41　设置形状参数

8　展开"作用力1"选项，设置"深度"为0.20，"半径"为2，"强度"为6，如图9-42所示。

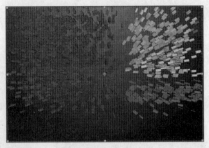

图 9-42　设置作用力参数

9　展开"物理学"选项，设置"旋转速度"为 0.50，"随机性"为 0.50，"粘度"为 0，"大规模方差"为 30%，"重力"为 3，如图 9-43 所示。

图 9-43　设置物理学参数

10　展开"渐变"选项，设置"渐变图层"为合成图层"渐变"，将"反转渐变"设置为打开，然后为"碎片阈值"选项创建在 0:00:01:15 到 0:00:03:15 之间，从 0%~100% 的关键帧动画，如图 9-44 所示。

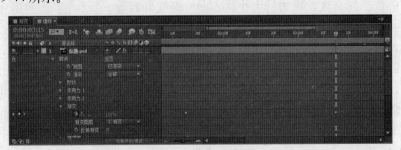

图 9-44　编辑关键帧动画

11　为标题文字图像添加"发光"特效，保持默认的选项参数，为爆炸碎片的动画增加画面表现力，如图 9-45 所示。

图 9-45　添加发光特效

12 按 "Ctrl+N" 键新建一个合成项目 "揭秘"，将合成 "爆炸" 加入时间轴窗口中，然后为其应用 "图层→时间→启用时间重映射" 命令，将开始位置关键帧的时间码调整为 "0:00:05:29"，将结束位置关键帧的时间码调整为 "0:00:00:00"，得到合成 "渐变" 中的动画倒放的效果，如图 9-46 所示。

图 9-46　设置时间重映射

13 在工具栏中选择水平文本工具，在合成窗口中输入文字 "历史悬疑事件揭秘"，设置字体为方正黑体，字号为 60px，填充色为橙色，如图 9-47 所示。

图 9-47　输入副标题文字

14 从 "效果和预设" 面板中为文字图层添加 "动画预设→Text（文字）→Animate In（动画进入）→Typewriter（打字机）" 特效，为副标题应用逐个显示每个字的动画效果。

15 在时间轴窗口中将副标题文字图层的入点调整到 "0:00:04:10" 的位置开始，然后展开其属性选项，将动画的结束关键帧移动到 "0:00:05:20" 的位置，如图 9-48 所示。

图 9-48　调整预设动画的关键帧位置

16 从项目窗口中将导入的音频素材加入合成 "爆炸" 的时间轴窗口中，作为影片的背景音乐，按 "Ctrl+S" 键保存项目。

17 按 "Ctrl+M" 键，打开 "渲染队列" 面板，设置合适的渲染输出参数，将编辑好的合成项目输出成影片文件，欣赏完成效果，如图 9-49 所示。

图 9-49　影片完成效果

9.4　项目 4　时尚活动片头——纽约秋季时装秀

素材目录	光盘\实例文件\第 9 章\实战案例 9.4\Media\
项目文件	光盘\实例文件\第 9 章\实战案例 9.4\Complete\纽约秋季时装秀.aep
输出文件	光盘\实例文件\第 9 章\实战案例 9.4\Export\纽约秋季时装秀.flv
案例分析	本实例是为一个时装秀活动设计制作的宣传片头，运用大量主题图像素材，在三维合成中编辑出立体的 T 台秀场空间，配合富有动感的背景视频影像和音乐，编辑完成色彩斑斓的动感时尚宣传影片 （1）利用编辑好的 PSD 文件创建合成，将图层转换为 3D 图层，编辑出模特图像纵向排列的立体效果 （2）加入舞台图像和动态背景墙素材，通过设置图层混合模式和编辑色彩变化特效关键帧动画，创造富有动感的走秀 T 台 （3）为摄像机编辑位移关键帧动画，实现镜头在两列模特中间穿梭推进的动画效果 （4）为标题图像编辑关键帧动画，为其添加发光特效并编辑色彩变化动画，使影片的主题得到恰当的突出表现 （5）添加星光飞舞的视频素材并通过设置父子图层关系，建立跟随摄像机运动的动画效果，为画面添加闪耀的动感效果

实例的最终完成效果如图 9-50 所示。

图 9-50　案例完成效果

1　按"Ctrl+I"键，打开"导入文件"对话框后，选择本实例素材目录下准备的"Show.psd"素材文件，将其以合成的方式导入，如图 9-51 所示。

2　按"Ctrl+K"键打开"合成设置"对话框，将合成的画面尺寸修改为 1280×720 像素，并修改持续时间为 8 秒，如图 9-52 所示。

3　按"Ctrl+I"键导入本实例素材目录中的其他素材文件。

4　按"Ctrl+S"键，在打开的"另存为"对话框中为项目文件命名并保存到电脑中指定的目录。

5　在时间轴窗口中选择所有图层，单击 3D 图层开关，将所有图层转换为 3D 图层。

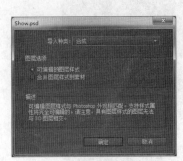

图 9-51 导入 PSD 文件

图 9-52 修改合成设置

6 按住 Shift 键选择图层 "M 1、M 3、M 5、M 7、M 9、M11" 并按 P 键，将选择图层的 X 轴坐标修改为 290.0，如图 9-53 所示。

图 9-53 移动奇数图层水平位置

7 按住 Shift 键选择图层 "M 2、M 4、M 6、M 8、M 10、M12" 并按 P 键，将选择图层的 X 轴坐标修改为 990.0，如图 9-54 所示。

图 9-54 移动偶数图层水平位置

8 选择所有图层并按 P 键，从图层 2 开始，将各图层的 Z 轴位置逐层递增 300，得到所有图像层在空间上排列成两个纵队的效果，如图 9-55 所示。

9 在时间轴窗口中单击鼠标右键并选择 "新建→摄像机" 命令，新建一个 15 毫米的双节点摄像机，如图 9-56 所示。

10 在时间轴窗口中展开摄像机图层的属性选项，修改其坐标位置为 "640.0, 320.0, –900.0"，修改其目标点位置为 "640.0, 300.0, –368.0"，得到略微向上仰视的镜头视角，如图 9-57 所示。

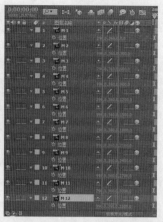

图 9-55　排列图层纵向位置

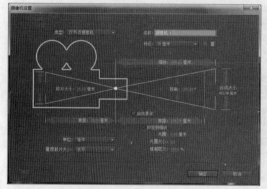

图 9-56　新建摄像机

图 9-57　设置摄像机位置

11 从项目窗口中将"花纹动画.mov"加入时间轴窗口的底层，将其转换为 3D 图层后，展开图层的"位置"、"旋转"、"缩放"选项，将其 X 轴旋转-90°并放大到 1000%，再修改其坐标位置为"640.0,870.0,2850.0"，作为舞台地面图像，如图 9-58 所示。

图 9-58　安排地面图像位置

12 从项目窗口中将"圆星.mov"、"闪光.mov"加入到时间轴窗口中的底层，按 S 键展开其"缩放"选项，将它们放大到 162.0%，并将上层的"圆星.mov"图层的混合模式设置为"颜色减淡"，与下层视频影像混合，作为舞台的动态背景墙，如图 9-59 所示。

13 将时间指针定位在开始位置，选择舞台地面图层，为其添加"效果→颜色校正→色相/饱和度"效果，在"效果控件"面板中按下"通道范围"前面的"时间变化秒表"按钮，创建关键帧。将时间指针移动到合成的结束位置，将"主色相"的数值修改为"2x+0.0°"，编辑出舞台图像在合成持续时间范围内循环两次的变色动画，如图 9-60 所示。

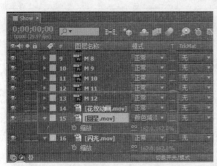 

图 9-59　设置背景墙影像

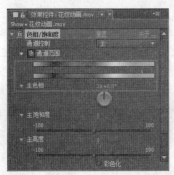 

图 9-60　编辑舞台地面变色动画

14 将时间指针定位到开始位置，选择摄像机图层并按 P 键，按下"位置"选项前面的"时间变化秒表"按钮。然后将时间指针定位到第 5 秒的位置，在合成窗口的"顶部"视图中，按住摄像机并在 Z 轴方向上垂直向上移动摄像机，直到"摄像机 1"视图中最后一个模特人物从画面中消失，结束点坐标位置为"640.0,170.0,3105.0"，目标点位置为"640.0,150.0,3637.0"，编辑出镜头逐步向前推进的动画，如图 9-61 所示。

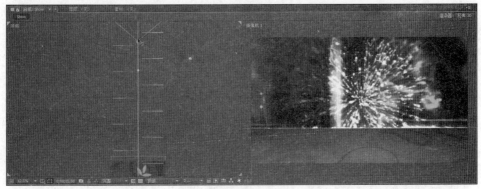

图 9-61　编辑镜头推进动画

15 从项目窗口中将"标题.psd"加入时间轴窗口中的上层，为其创建第 5 秒到第 7 秒的位移关键帧动画，并为动画的结束关键帧设置缓入效果，如图 9-62 所示。

16 参考合成窗口中摄像机视图中的画面变化，继续为摄像机图层编辑移动推进的关键帧动画，并为结束关键帧设置缓入效果，如图 9-63 所示。

		00:00:05:00	00:00:07:00	
🕐	位置	640.0,360.0,3100.0	640.0,335.0,4500.0	

图 9-62　编辑标题图像关键帧动画

		00:00:05:00	00:00:07:00	
🕐	目标点	640.0,150.0,3637.0	840.0,400.0,4320.0	
🕐	位置	640.0,170.0,3105.0	960.0,470.0,3750.0	

图 9-63　编辑摄像机推进动画

17 选择标题图像层，为其添加"效果→风格化→发光"效果，设置"发光半径"为 40.0，"发光强度"为 2.0。在"颜色循环"下拉列表中选择"三角形 A＞B＞A"，设置"颜色 A"为紫红色，"颜色 B"为蓝色，然后为"色彩相位"选项创建从第 5 秒到第 8 秒，从"0x+0.0°"到"2x+0.0°"的关键帧动画，如图 9-64 所示。

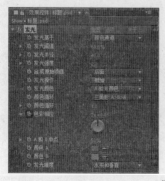

图 9-64　编辑特效动画

18 从项目窗口中将"星光.mov"加入时间轴窗口中摄像机图层的下层，将其图层混合模式设置为"相加"。按 S 键展开其"缩放"选项，将它们放大到 200.0%，显示出"父级"面板，将其设置为摄像机图层的子级图层，如图 9-65 所示。

图 9-65　设置背景墙影像

19 按下 T 键，展开"星光.mov"的"不透明度"选项，为其创建从第 5 秒到第 6 秒逐渐淡出的关键帧动画。

20 展开标题图像图层的材质选项，将其"投影"选项设置为打开。

21 将时间指针定位在第 5 秒的位置，执行"图层→新建→灯光"命令，新建一个平行灯光，设置其灯光强度为 150，灯光颜色为白色，设置阴影深度为 40%，然后将其移动到合适的位置，如图 9-66 所示。

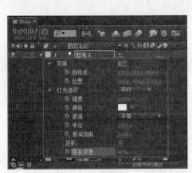

图 9-66　添加 S 平行灯光并设置位置和选项

22 移动时间指针到合成的开始位置，将项目窗口中的音频素材加入到时间轴窗口中，作为影片的背景音乐。按"Ctrl+S"键保存项目，完成本实例的编辑。

23 按"Ctrl+M"键，打开"渲染队列"面板，设置合适的渲染输出参数，将编辑好的合成项目输出为影片文件，欣赏完成效果，如图 9-67 所示。

图 9-67　播放影片完成效果